[英] 汤姆·杰克逊 / 著　　王运静 魏晓凡 / 译

EARTH SCIENCES
AN ILLUSTRATED HISTORY OF PLANETARY SCIENCE

地球的奥秘
认识我们的家园

電子工業出版社
Publishing House of Electronics Industry
北京·BEIJING

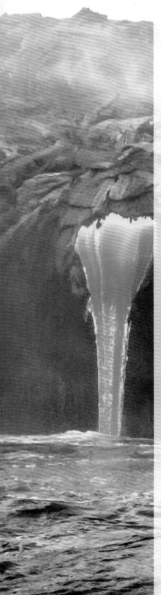

Originally published in English under the title: Earth Sciences: An Illustrated History of Planetary Science by Tom Jackson

© Worth Press Ltd, Cambridge, England, 2019

© Shelter Harbor Press Ltd, New York, USA, 2019

This edition arranged with through Big Apple Agency, Inc., Labuan, Malaysia.

Simplified Chinese edition copyright: PUBLISHING HOUSE OF ELECTRONICS INDUSTRY All rights reserved.

本书中文简体字版授予电子工业出版社独家出版发行。未经书面许可，不得以任何方式抄袭、复制或节录本书中的任何内容。

版权贸易合同登记号　图字：01-2023-1467

图书在版编目（CIP）数据

地球的奥秘：认识我们的家园/（英）汤姆·杰克逊（Tom Jackson）著；王运静，魏晓凡译. 一北京：电子工业出版社，2023.7
书名原文：EARTH SCIENCES:AN ILLUSTRATED HISTORY OF PLANETARY SCIENCE
ISBN 978-7-121-45598-8

Ⅰ.①地… Ⅱ.①汤… ②王… ③魏… Ⅲ.①地球科学—普及读物 Ⅳ.①P-49

中国国家版本馆CIP数据核字（2023）第084518号

审图号：GS（2022）5582号
书中地图系原文插附地图

责任编辑：张　冉
特约编辑：胡昭滔
印　　刷：北京盛通印刷股份有限公司
装　　订：北京盛通印刷股份有限公司
出版发行：电子工业出版社
　　　　　北京市海淀区万寿路173信箱　邮编：100036
开　　本：820×980　1/16　印张：14　字数：422千字
版　　次：2023年7月第1版
印　　次：2023年7月第1次印刷
定　　价：139.00元

凡所购买电子工业出版社图书有缺损问题，请向购买书店调换。若书店售缺，请与本社发行部联系，联系及邮购电话：（010）88254888，88258888。

质量投诉请发邮件至zlts@phei.com.cn，盗版侵权举报请发邮件至dbqq@phei.com.cn。

本书咨询联系方式：（010）88254439，zhangran@phei.com.cn，微信：yingxianglibook。

目 录

引 言 …………………………… 7

史前至15世纪

1　季节轮回 ………………… 13

2　四种元素 ………………… 15

3　柏拉图笔下的灾难 ……… 16

4　亚里士多德的《气象学》 … 17

5　皮西亚斯的探险 ………… 19

6　石头之书 ………………… 21

7　地球周长 ………………… 23

8　斯特拉波的地理志 ……… 24

9　"世界末日" ……………… 26

10　老普林尼的自然史 ……… 27

11　雨的来源 ………………… 28

12　世界地图 ………………… 30

13　潮汐的成因 ……………… 33

14　美洲之旅 ………………… 36

15　液态岩石 ………………… 39

16　沧海桑田 ………………… 40

17　彩虹的原理 ……………… 41

18　财富之旅 ………………… 42

19　磁导航 …………………… 43

20　天气测量 ………………… 45

21　哥伦布的航行 …………… 47

22　环球航行 ………………… 50

23　金属的性质 ……………… 52

24　潜水艇 …………………… 53

25　气压 ……………………… 54

26　天气数据 ………………… 57

27　岩层 ……………………… 58

28　温度 ……………………… 60

29　风 ………………………… 63

30　地球的形状 ……………… 67

31　地质图 …………………… 71

32　地震 ……………………… 72

16世纪至18世纪

33　冰为何漂浮 ……………… 74

34　火成岩 …………………… 75

35　地球的年龄 ……………… 77

36 一种地质理论 ･･････････ 78

37 水成论 ････････････････ 80

38 灭绝 ･･････････････････ 81

19世纪

39 给云分类 ･･････････････ 82

40 风速和风暴 ････････････ 84

41 化石记录 ･･････････････ 86

42 气候学 ････････････････ 88

43 气象图 ････････････････ 91

44 恐龙 ･･････････････････ 93

45 《地质学原理》 ･･･････････ 95

46 冰期 ･･････････････････ 96

47 锋面 ･･････････････････ 98

48 地质年代的划分 ････････ 100

49 《矿物学手册》 ･･････････ 101

50 大陆架和大洋洋底 ･･････ 102

51 洋流 ･･････････････････ 104

52 人类的近亲 ･･････････ 107

53 天气预报 ･･････････････ 108

54 探索高空 ･･････････････ 109

55 飓风 ･･････････････････ 111

56 "挑战者号"的探险 ･･････ 114

57 美国地质调查局 ････････ 116

58 积雨云 ････････････････ 117

59 喀拉喀托火山的喷发 ･･･ 119

60 造山运动 ･･････････････ 121

61 厄尔尼诺 ･･････････････ 122

62 温室效应 ･･････････････ 124

63 探索南极洲 ････････････ 127

64 气象气球 ･･････････････ 129

65 地球的热量 ････････････ 131

66 莫霍面 ････････････････ 133

20世纪

67 寒武纪生命大爆发 ･･････ 134

68 放射测年法 ････････････ 136

69 大陆漂移 ･･････････････ 138

70 变质岩 ････････････････ 141

71 树木年代学 ････････････ 143

72 里氏震级 ･･････････････ 144

73 铁质的地核 ････････････ 147

74 矿物分类 ･･････････････ 148

75 气象雷达 ･･････････････ 149

76 失落的生命：埃迪卡拉 ･･ 150

77 微小的化石 ････････････ 151

78 大西洋中脊 ････････････ 152

79 气候模型 ･･････････････ 154

80 气象卫星 ･･････････････ 155

81 板块构造论 ·············· 157

82 马里亚纳海沟 ·············· 160

83 流星 ·············· 161

84 地球磁场翻转 ·············· 163

85 热点 ·············· 164

86 地球的形成 ·············· 165

87 美国国家海洋和大气管理局 ·············· 166

88 超深钻孔 ·············· 168

89 龙卷风 ·············· 169

90 热液喷口 ·············· 171

91 物种大灭绝 ·············· 173

92 火山泥流 ·············· 174

93 臭氧层空洞 ·············· 176

94 地球变雪球 ·············· 177

95 "阿尔戈"计划 ·············· 180

96 制造月球 ·············· 181

21世纪

97 海啸 ·············· 184

98 地球之水从何来 ·············· 187

99 海洋清理 ·············· 190

100 走向"行星科学" ·············· 192

101 地球科学：基本知识 ·············· 194

未解之谜 ·············· 206

伟大的地球科学家 ·············· 219

引 言

　　欢迎进入地球科学的世界！还有什么主题比地球本身更值得研究呢？毕竟，这颗星球是我们的家园，何况它还充满了让你目不暇接的自然奇趣。地球科学的看点层出不穷，只是很多人还没意识到而已。即便是一位地球科学专家，也只能从这个领域五花八门的分支课题里择其一二。比如，他可能会去不见天日的大洋深处探索其中的奥秘，也可能会去追逐如同龙卷风和飓风那样的极端天气气候事件，还可能打算从我们脚下的岩层中发掘出一些让人无可争议的事实。

　　伟大的思考者总是通过他们伟大的想法和伟大的行为来缔造伟大的故事。本书收集了100个这样的故事，其中每个故事都关乎一个重大、深邃的问题，且都改变了我们理解海洋、大气的方式，甚至改变了我们理解这颗蓝色行星本身的方式。而通过对地球的认识，我们对浩瀚宇宙的认识也更为丰富了。不过，我们由

上面这幅地图描绘的是英国的不列颠地区，但它跟常见的地图不太一样：它显示的是这个岛上各种岩层的分布。以这种成果为基础，我们可以研究岩石的多种来源，并有望推断地球的年龄。

1755 年，一场大地震兼大海啸袭击了葡萄牙的里斯本，给这座城市毁灭性的打击。这种超乎想象的巨大破坏力也属于地球科学的研究对象。（见左图）

此获得的知识还没有完全定型：我们必须围绕这些知识继续开展工作，让它们不断接受证据的检验，进而判别哪些知识是可靠的，而哪些知识或许并不靠谱。

了解这个世界

说起关于地球科学的故事，它的开端跟其他科学门类的缘起并没什么不同。古代那些意欲理解世界万物的思考者们，会自然而然地从身边的事物着手，思考地上的岩石、海洋中的水，以及天上的空气和扬起的长风。这些思考最终给物理、化学等学科铺平了道路，而物理、化学这些早期的分科研究，后来又为科学事业向自然界全面进军夯实了基础。当然，地球科学特别依赖这些经典学科的成就，但同时，在地球科学领域奋斗的专家们早已开拓出一片专属于自己学科的疆土。

不难想象地球科学方面最早的研究成果可以带来的实际利益。比如，世界上已知最早的一批预报天气的人士，就分布在从中国到地中海这一带。人们对岩石的兴趣也出于类似的动机，毕竟如果善于发现价值连城的矿石和宝石，绝对是好事一桩。

同样是在古代，埃拉托色尼运用数学知识算出了地球的周长。他在距今约2200年的时候得到的结果，跟如今所知的数据相去不远，而他的"设备"却只是一根在

下图是斯特拉波在公元前1世纪绘制的地图，他画出了当时已知的世界。他已经知道印度在世界的东边，葡萄牙则在西边。但显然，真正的世界远不止他画的这些地方。

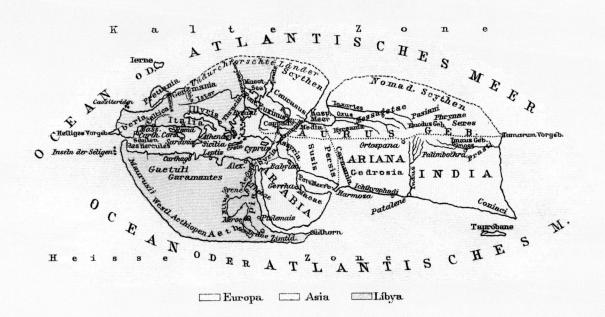

我们如今仍在使用的云分类体系是由卢克·霍华德于1802年建立的。在上面这幅图中，我们看到的是积云。

阳光下投出影子的长竿。在他之后的几百年里，像斯特拉波、皮西亚斯这样的地理学家开始充分描绘这个纷繁复杂的世界。"已知的世界"最初是很小的，但它在不断扩大。海员们从遥远的地方带回了传奇一样的故事，而像埃里克森、郑和、麦哲伦这样的探险家则把他们冒着生命危险换来的新发现加进了世界地图。

融合众多学科

16世纪末，完整的全球海陆分布图基本宣告画定。但若问这些陆地是怎么形成的、是由什么构成的，以及它们是否正在变化，此时依然疑云重重。更多的知识才刚刚开始浮现——此后不久，地球科学被清晰地划分为一系列独立的学科：气象学家研究大气层中的各种效应，尤其关心天气；气候学家的视角在时间尺度上更广，他们想知道地球上的环境在不同

1898年，"南十字"探险队的成员是最早体验南极洲越冬生活的一批人。（见右图）

的年份、不同的世纪里会如何变化，以及它为何偶尔会陷入冰河时代的苦寒之中；海洋学家则深入海水里的秘境，想探究大海究竟隐藏了哪些玄机；地质学则是对大地本身的研究，它又可以细分为矿物学和岩石学，其中矿物学关注大地内部自发的化学变化，岩石学则关注石头的形成过程；大地测量学家会对地球的形状做精细的测算，因为地球并不像很多人认为的那样是圆的；地球物理学家则想要了解一些大尺度地貌特征，比如山脉、冰原、峡谷和深海沟，并认为它们都属于全球尺度型系统。在解答这些"大哉问"时，还有两个领域做出了关键的贡献，那就是地震学和古生物学。地震学，如其名称所示，要去倾听大地的声音，利用与声波类似的地震波，去探悉地球内部的详细构造。古生物学，用通俗的语言来说，就是要寻找化石，因为化石可以帮我们断定其岩层所属的年代，进而将其与来自世界各地的、分属不同地质时期的岩石做对比，这可是一种有助于探知地球历史的强有力的工具。而所有的这些分科，都可以用查尔斯·莱尔在19世纪30年代提出的一个简单的想法来统率——这位现代地球科学的领军人物说："现在是打开过去的钥匙。"我们看到了当前地球上所发生的，就可以明白它过去所经历的。而与这一点同样重要的是，这会让我们有足够的信心去预判地球的前途，以及所有依赖地球存身的生灵会有怎样的未来。

火星车"罗莎琳德·富兰克林"是第一个火星钻探考察平台，会把地球科学带到其他行星。（见下图）

地球的结构

一颗分层的行星

地球在45亿年前诞生，而且几乎立刻就分成了不同的层。其中，较重的金属物质比较轻的岩石沉得更深。地球内部的温度随深度的增加而上升，到内核区域可达4700℃。

地球是太阳系中最大的岩质行星，每年（约365天）绕太阳运行一圈，每24小时沿着南—北方向的轴线自西向东自转一圈。虽然北极点和南极点相对于这个自转轴是静止的，但赤道地区的移动速度则超过了1600千米/小时。

大气层（更多信息请参看本书第129页）

外层

热层

中层

平流层

对流层

上地幔
（固态，岩质）
距地表：5～70千米

下地幔
（固态，岩质）
深度：2990千米

外核
（液态，金属质）
深度：5150千米

内核
（液态，金属质）
深度：6370千米

（更多信息请参看
本书第147页）

陆壳
厚度：不超
过70千米

洋壳
厚度：不超
过5千米

重要界线

地球被赤道划分为北半球和南半球。地轴则从地球的南北两极穿过地心，且与垂直方向之间有大约23.5°的夹角。因此，每一年里，北半球的日照时间都有半年的时间偏长（其间，每天的日照时间也会偏长），南半球则在另外半年里日照偏长。在每年北半球白昼最长的那一天，所有能看到太阳在头顶正上方的地点，可以沿着同一条纬线连成一个圈，这就是北回归线；南回归线在南半球的情形与此类似。（见右图）

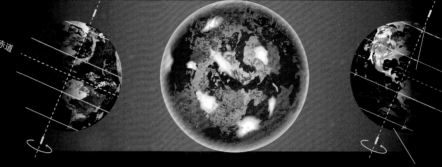

北半球的夏季
（北半球朝接近太阳的方向倾斜）

北半球的冬季
（北半球朝远离太阳的方向倾斜）

在北极圈内，冬天出现极夜，太阳全天不升起

赤道

赤道

地轴（地球的自转轴）

南半球的冬季
（南半球朝远离太阳的方向倾斜）

南半球的夏季
（南半球朝接近太阳的方向倾斜）

在南极圈内，夏天出现极昼，太阳全天不落下

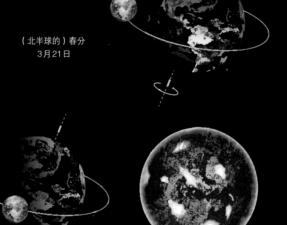

（北半球的）春分
3月21日

（北半球的）冬至
12月22日

季节轮替

地轴的倾斜，带来了季节的交替。太阳在夏季来临时，位于你所住的那个半球的热带地区上空；它在冬季会跑到另一个半球的热带地区上空。秋天和春天是这两个季节的过渡时期，而秋分和春分则分别是这两个过渡时期的中间点。在春分和秋分来临时，太阳直射赤道，世界各地的昼夜长度都相等。（见右图）

（北半球的）夏至
6月21日

（北半球的）秋分
9月23日

你如果不从事农业，或许就很难领会天气到底有多重要。 但是，在古时候，几乎每个人都是农民，所以，我们的文明其实建立在理解季节变换的基础之上。

每一种文化，为了纪念其神话中的事件，或者信仰史中的事件，都会确立起属于自己的一系列节日。这些节日通常围绕着某种个人目标或者社会目标，代表着善与恶之间的某种斗争。不过，我们也可以把这些重大的节日理解为光明与黑暗之间的斗争。比如，冬至作为节日，标志着一年中天黑时间最长的阶段，此时要庆祝的事情是：寒冷的季节正要开始向着白昼更长、更温暖的日子过渡。春季节日的主要用意一般是为迎接农作物的生长季节（这个季节对生活至关重要）做好准备，且在新一年的第一批农产品到手之前，要合理使用仓库里最后一批容易腐坏的资源，度过勤俭

气象学的萌芽

在印度神话中，天神因陀罗（骑着他的大象爱罗婆多，见下图）掌管着天气，并且经常用天气变化来教育凡人。例如，印度的《奥义书》（*Upanishads*）是现存最早的宗教文献之一，可以追溯到5000年前。它们除概略解说宇宙的性质、介绍万神殿中的诸神之外，还包含了最早的气象学学术案例，探讨了云的形成，以及季节更替造成的气候变化。

秘鲁的马丘比丘是印加文明的古城，那里有一处被当作圣物的岩石雕刻——《栓日石》（Intihuatana），也称为《太阳的驿站》（见上图）。我们虽然尚不清楚它的确切功能，但可以认为它是某种时钟或者某种日历，通过追踪测量太阳和其他天体的运动确定吉日和举行重要仪式的正确时间。

一个物资相对充裕的阶段举行，它体现了对冷冽冬天的敬畏，还有对黑暗季节即将到来的那种莫名恐惧的服从。

测量昼长

"年"作为一个文化概念，与农事的规划形影不离，这二者在人类文明的早期共同孕育了日历。农民们必须对农作物生长条件的变化有所反应——这类变化常与季节密切相关，尤其是昼长和夜长的此消彼长。光明节和圣诞节的日期都在北半球的冬至日，在这一天，北半球的白昼是全年中最短的。而各种各样的仲夏节日都定在6月，白昼的长度在北半球接近顶点。至于复活节、万圣节或排灯节，都是在昼夜长度相等时举行的节日。在文化的传统之下潜藏的是我们与地球的内在联系，这种联系为一个广阔的研究领域提供了基础，那就是地球科学。

2 四种元素

我们周围的自然界拥有成千上万种物质，但它们都是由区区几种更简单的元素组成的——这种观点出自人的直觉，古人的理论又使它更加纯粹、坚挺。

现代的化学家会告诉你，地球上已经发现的、自然存在的元素共有90多种，尽管其中某些元素的物质数量极少，几乎只是理论上存在而已。另外，还有28种人工创造的元素。"元素"是指一种无法被进一步分解的物质——这

在恩培多克勒（Empedocles，见上图）生活的时代，我们如今所说的"西方思想"还处于褓襁之中，并且受到当时的"东方思想"例如转世轮回观念的影响。恩培多克勒相信，他通过积累足够的知识，可以逃脱轮回，不会死亡。为了证明这一点，他跳进了埃特纳（Etna）火山。结果，火山吞没了他，只吐出了他的一只鞋。

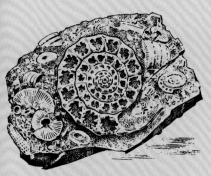

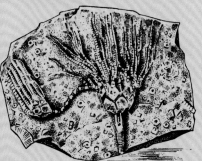
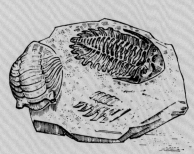

水之世界

恩培多克勒的思想，基于以泰勒斯（Thales）为代表的第一代希腊自然哲学家的思想。泰勒斯提出，水是最为本原的物质，其他所有的物质和所有的自然现象，都是由水生成的。与泰勒斯同一时代的克塞诺芬尼（Xenophanes）发现，在距离海洋很远的内陆地区，甚至高山上的岩石中，都能找到贝壳的化石，以及其他海洋生物的遗骸。在他看来，这正是泰勒斯理论的证据。同时这也表明，地球的表面曾经被水覆盖，它在没有文字记录的往昔发生过巨大的变化。

在距离海洋很远的内陆地区的岩石里，能发现海洋生物化石（见左图），证明了地球曾经发生过巨变。如今，地球依然处于变动之中吗？

个概念至少有3500年的历史了。西方的多种古代文明都提出了较为简短的元素列表，它们包括土、水、空气、金属、木头和火等，且大同小异。其中，主导了西方科学思想的，还要数古希腊的"四元素"理论，它直到18世纪末才退出科学舞台。公元前5世纪，古希腊哲学家恩培多克勒在他关于自然的诗作中充分总结了这一理论——"诸君且来听我吟，万物无非四条根：宙斯（Zeus）耀眼举世明，赫拉（Hera）赐人得性命。地府大神哈德斯（Hades），掌管寿数兼疫病。冥后珀耳塞福涅（Persephone），泪润芳春牵众生。"这就是说，众神之王宙斯是天上的火，而他的妻子赫拉是天上的空气。冥界的头号人物哈德斯代表的是大地，而珀耳塞福涅在被哈德斯囚禁了半年之后，也在春天被放回人间，使得生机重归大地。

3 柏拉图笔下的灾难

柏拉图是一位哲学家，所以他更感兴趣的是真实与不真实的界线在哪里，而不是描绘出地球运作的方式。然而，他的著作却记录了古代最宏伟的地质事件之一。

柏拉图的著作《理想国》以完美社会为论题，其中提到了一个曾经存在却已经销声匿迹的社会，那就是亚特兰提斯（Atlantis），一个建立了先进文明的巨大岛屿。柏拉图在书中写道，是一场地震使得整个亚特兰提斯沉入了海底，留下的那片海就是我们现在所说的大西洋。诚然，柏拉图的描述有些夸张，但地球的毁灭之力确实是值得人们敬畏的。后来的学者们认为，这个亚特兰提斯的原型是圣托里尼岛上的一座城市——阿克罗提利（Akrotiri），它是以地中海东部的克里特岛为中心的"克里特文明"的一部分。在公元前16世纪的一次火山爆发中，圣托里尼岛以及阿克罗提利城的大部分都被摧毁；又过了1250年，柏拉图记述了此事。

4 亚里士多德的《气象学》

柏拉图专注于那个理念中的世界，而他的学生亚里士多德则打算通过观察来理解世界。 亚里士多德采用的方法为后来的好几门科学打下了基础，其中也包括气象学。

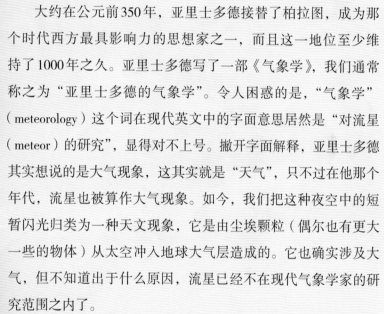

大约在公元前350年，亚里士多德接替了柏拉图，成为那个时代西方最具影响力的思想家之一，而且这一地位至少维持了1000年之久。亚里士多德写了一部《气象学》，我们通常称之为"亚里士多德的气象学"。令人困惑的是，"气象学"（meteorology）这个词在现代英文中的字面意思居然是"对流星（meteor）的研究"，显得对不上号。撇开字面解释，亚里士多德其实想说的是大气现象，这其实就是"天气"，只不过在他那个年代，流星也被算作大气现象。如今，我们把这种夜空中的短暂闪光归类为一种天文现象，它是由尘埃颗粒（偶尔也有更大一些的物体）从太空冲入地球大气层造成的。它也确实涉及大气，但不知道出于什么原因，流星已经不在现代气象学家的研究范围之内了。

气象学跟天气现象一样，都涉及地球科学的所有领域，比如地质学、大地测量学（研究地球的形状）和水文学（研究水的位置和移动）。例如，亚里士多德观察过河水的流动，也发现较小的海域海流更明显，但若谈到更为宏观地认识水的循环方式，就不是他的观察力所能及的了。

亚里士多德认为，大自然中持续发生的一些瞬时变化（如闪电）是诸多元素分裂成"纯净状态"的结果。

深潜

亚里士多德的成果很少有人能相匹敌。他不仅开创了几乎全部科学门类，还给亚历山大大帝这位超级帝国的缔造者当过指导老师。据说，亚历山大大帝从亚里士多德那里学到了潜水采集海绵的人最大限度延长潜水时间的方法，然后在公元前332年利用钟形潜水罩派出破坏者，摧毁了提尔（位于今黎巴嫩）的海上防御工事。据传，亚历山大大帝还亲自进行过一次潜水冒险（见下图），这被一些人认为是最早的海洋探险。但是有传言说，他使用的潜水罩系以玻璃制造，这种描述完全没有根据。

元素之力

我们至今仍然把天气（尤其是坏天气）称为"元素"（译者注：现代英语里的the elements确实有这个意思），亚里士多德应该会对此表示赞同。不过，气象学真正关心的是如何去解释这个不断改变状态的自然界。亚里士多德对此提出的理论是，四种元素之间的一场根本性的斗争驱动着自然界的这种变化。他认为，每一种自然变化，都是各种元素意欲回到其本来位置的结果：土元素形成了最底层，大地和海床的存在就是明证；土上面是水元素，覆盖着岩石的表面；然后是气元素，形成了天空；最高处是火元素，一个火环划分了天和地的界线，它与地球的距离比月亮离地球要近。这个简单的理论十分引人注目，因为它与原始的观察结果相符。例如：下雨的时候，水就从气那里分离出来，落到属于它的位置；闪电和流星的光迹，则是从气中释放出的火；木头之所以能燃烧，是因为它属于火、气和土的混合物，它含有的火会以火焰的形式释放出来，气的成分体现为烟，而剩下的灰烬就是土的成分。亚里士多德表示，这四种元素最终会完全分离，给历史创造一个完美的终点。在哲学上，对这一话题的争论由此转为"是否有些混合过程在抵消这个分离过程？"，而在科学上，争论在于深挖该理论内部的不一致性，例如，假如燃烧是一种物质的释放过程，那么为什么某些物质烧完之后反而变重？亚里士多德真正的遗产在于，科学已经证明他错了。

球形世界

亚里士多德提出的"分层世界"的概念，以"大地是一个球体"为前提。球体的几何结构特别简单、和谐，因而受到古希腊人的钟爱。亚里士多德对"大地球状论"给出了进一步的证据：远航的船消失在地平线时，先是船体消失，最后才是桅杆消失，这说明远处的海面向下弯曲了。更有力的一个证据是，月食期间，大地在月球上投出的影子总是圆形的——能始终保持圆形影子的，只能是一个球体，其他任何立体形状都做不到这一点（见下图）。

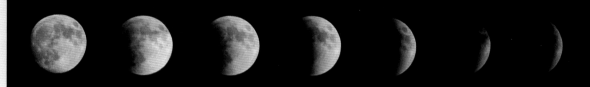

5 皮西亚斯的探险

在我们小小的现代地球村里，冒险家们所要征服的目标常常是被人定义出来的。 而在约2350年前，冒险界的老前辈皮西亚斯（Pytheas）在寻找"全世界的寒冷之源"时，也做了同样的事情。皮西亚斯说，他在一个由冰构成的岛屿上发现了寒冷之源，这个岛屿被他命名为图勒（Thule）。

前文提到的四种经典元素，其内涵并非只限于物理性质。许多文明都把它们融入情感体验之中，乃至赋予其玄学的属性。比如，每当谈到天气和其他自然过程时，热和冷都是一组关键因素。很明显，热的本源是太阳，而古希腊人又有着根深蒂固的关于和谐的理念，所以就推论说，寒冷的根源应该处于相反的地方，也就是地球的中心。

公元前325年，一位来自马萨利亚（今法国马赛，当时系古希腊在地中海的殖民地）的探险家——皮西亚斯，开始去寻找地心的寒冷之源在地表的出口。北风带来的寒意，让他认定这个出口就在北边。首先，他去了一个他称为布列塔尼基（Bretannike）的地方，这是"不列颠"（Britain）这个名字的最早形式，那里最终成了今天的英国。（词源研究人员表示，这个词的词根出现于最接近古英语的语言——威尔士语之中，大意是"文身者的土地"，这个描述至今仍恰如其分。）皮西亚斯并不是不列颠的发现者，因为当时不列颠与希腊已经有了大量的交易金属锡的活动。但皮西亚斯的功绩在于，他在从苏格兰乘船继续向北航行的途中，把不列颠添进了欧洲西北部的地图之中。他的北游之路最终到达他称为"图勒"的岛屿，那里的海洋是冰封的，太阳连续多天不会落下——这种现象只会在极圈内发生。后世学者们很想知道皮西亚斯去的到底是哪里，其中最有说服力的一种猜测是他转向东方航行，登陆了挪威的最北部。

上面这幅壁画发现于庞贝古城的遗址，这座古罗马城市于公元79年被一座火山的喷发物掩埋。画中显示，地球的北极有一座山，此山被当时的人认作寒冷的来源，后来又被解释为一座有磁性的山。

在右侧这幅16世纪的世界地图中，仍然可以看到对图勒岛的详细描绘。该地图的蓝本是一幅在2世纪首次编制的地图。根据这张地图，北极的位置在奥克尼群岛（Orkney archipelago）的西北部，该群岛位于英国大陆的北边。

6 石头之书

亚里士多德的继任者是他的学生塞奥弗拉斯特（Theophrastus），后者在老师去世后成为逍遥学派的领袖。此时还有几个科学领域等待塞奥弗拉斯特去开创，这可以算是他的幸运。

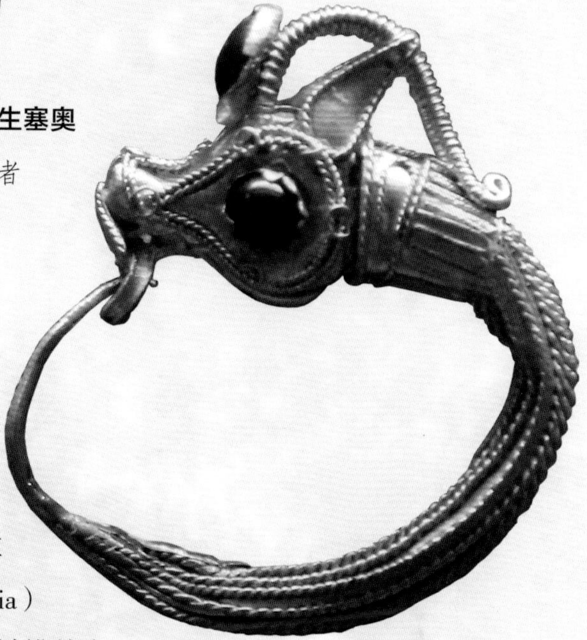

像前辈亚里士多德一样，来自伊勒苏斯（Eresus）的塞奥弗拉斯特也曾在阿卡德米亚（Akademia）学习。那是一座位于雅典附近的橄榄林中的封闭式野外学园，柏拉图在那里传习学术。如今的英文单词"学院"（academy）就来自这座古老的学府。亚里士多德在中年时期与处境艰难的柏拉图分道扬镳，建立了自己的学校。这所学校的校址不定，在吕克阿（Lycea，是一所供奉狼形的阿波罗神的庙宇）的周围来回迁移，因此，亚里士多德的学校又被称为吕克昂（Lyceum）。这后来成了法语中"高级学校"（lycée）一词的词根。这里的学生们由于经常搬家，又有塞奥弗拉斯特这样的大师领导，就成了后来知名的哲学门派"逍遥学派"。"逍遥"（Peripatetic）如今的意思正是"四处走动"。

新的科学

塞奥弗拉斯特在公元前322年接替亚里士多德。让他名留学术史的成果除了文学作品和诗歌，还有对研究植物的科

上图是一枚海马造型的金色胸针，还镶嵌着抛光过的红玛瑙当作海马的"眼睛"。可见，古希腊人和其他地域的人一样，都喜欢闪闪发光的东西。红玛瑙是一种红色的石英，经常被误称为"红宝石"。塞奥弗拉斯特还在其著作里解释了"黄金的本质为什么是水"：因为二者都是可以流动的。

学——植物学（botany）的奠基，以及他后来的一本书《论石》（*On Stones*）。此书第一次尝试把岩石、矿物进行分类，当然，书中最重要的内容还包括对宝石的分类。这可不是一项轻松的任务。目前我们已知的矿物约有3000种，这些矿物以不同的比例混合搭配，还可以形成300种左右的岩石。塞奥弗拉斯特也持有一种执念，即这些石头都是由土元素组成的，或许还掺杂了一些火、水、气，所以他未能清晰地区分岩石和矿物。

《论石》的大部分篇幅都在探讨可以在哪里找到何种石头，其中特别侧重于"有吸引力（或魅力）的石头"，也就是磁铁（或宝石），这才是最让读者感兴趣的。另外，塞奥弗拉斯特为了描述矿物，提出了一系列可以辨识的指标，其中的大部分指标直到今天仍然实用（当然也补充了一些较新的内容），比如硬度、颜色、质地（或平滑度）。塞奥弗拉斯特还考虑了熔点、相对重量，以及潮湿或干燥对晶体的影响。

征兆之书

塞奥弗拉斯特（见左图）还写有一本早期的天气预报著作《征兆之书》（*The Book of Signs*）。这本书问世于亚里士多德的《气象学》出版之后几年，以亚里士多德的教导为基础，试图预测天气的变化——大概是因为他经常要带领一群哲学家出门游逛。塞奥弗拉斯特注意到的"征兆"包括太阳周围的光晕、云层的厚度和高度，以及风向和温度，把这些信息综合起来，可以预估天气将要如何变化。塞奥弗拉斯特的理论体系在很大程度上跟亚里士多德的一样，都属于一种猜测。

7 地球周长

可以说，关于大地形状的争论，在
公元前3世纪就逐渐减少并结束了。
不用飞到太空中去观察也可以知
道，大地是一个球体。而比这更
有趣的一个问题是：这个球体
有多大？在公元前3世纪末，哲
学家埃拉托色尼（Eratosthenes）
给出了一个答案。

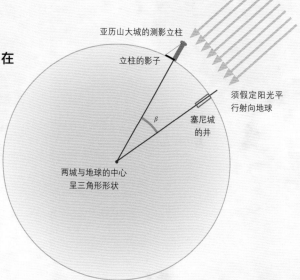

当时世界上首屈一指的学术中心是亚历山大城的图
书馆，而埃拉托色尼正是那里的馆长，他坐拥当时世界上最多的
知识资源。毕竟，当时的法律规定，从事贸易的人每次来到亚历
山大城，都必须把手头的所有文本资料留在该馆，自己则只能保
留一份复本，而且制作复本的花销还要自己承担。埃拉托色尼听
说，沿着尼罗河，在亚历山大城的正南方，有一座塞尼（Syrene）
城（今阿斯旺）。塞尼城附近有一口水井，每年的夏至那天正午，
阳光会直射入其井底，不会在其井壁上投下影子。同时，埃拉托
色尼已经知道，位于亚历山大城的水井的侧壁，在夏至正午时是
有阴影的。所以，他推断太阳的光线是以不同的角度照射这两座
城的，而且这会让他有机会计算出亚历山大到塞尼的距离占地球
周长的比例。

埃拉托色尼在亚历山大城立起一根柱子，用来测量阳光与地
面的夹角。在夏至日，这个夹角大约有7°，约合圆周的1/50。随

埃拉托色尼通
过太阳光线在两座
城的不同角度，构
造出一个三角形，
其三个顶点分别是
亚历山大城、塞尼
城、地球的中心。
上图中的角 β 等于
阳光在亚历山大城
的入射角度（译者
注：平行线内错角
相等）。这是第一
步，通过它可以算
出两城之间的路
途占地球周长的比
例。第二步就是确
认亚历山大城到塞
尼城的距离。（见
上图）

海平面理论

　　虽然埃拉托色尼正确算出了地球的巨大体量，但他的地质理论则有些狭隘。比如，对于在干燥的陆地上可以发现贝类化石，他的解释是：地中海的水位曾经很高，后来通往大西洋的直布罗陀海峡和通往黑海的博斯普鲁斯（Bosphorus）海峡（见右图）打通了，地中海的水就一下子流走了不少。

　　后，他又找那些跟着商队去塞尼城的商人咨询，问他们前往那里要花多少时间。他由此推算出两城的距离是5000斯塔德（当时的一个长度单位，参照的是竞技场的长度），所以，地球的周长大约应是250000斯塔德。埃拉托色尼的得数如果换算成今天的单位，应该是39690千米。现代科技测量出的这个数值是40008千米——埃拉托色尼的答案与真实值几乎一致。

8 斯特拉波的地理志

科学家通常对地理学持一种灰暗的看法，他们会说，地理缺乏物理和化学的那种严谨性。而地理科学的奠基人斯特拉波（Strabo）并不反对这一观点，即这一观点正如他所愿。

　　斯特拉波属于"本都（Pontic）希腊人"，也就是说，他的住处对应于当今的土耳其。埃拉托色尼和其他的地球科学家们利用数学工具和严格的观察来发现关于地球的知识，触发了斯特拉波的灵感。然而，斯特拉波打算采取一种不一样的方法。公元前7年，斯特拉波出版了共17卷的著作《地理学》（*Geographica*）的第1卷（最

庞波尼厄斯·梅拉

　　与斯特拉波同一时代的地理研究者庞波尼厄斯·梅拉（Pomponius Mela）住在当时"世界"的遥远西方（如今的西班牙）。他把世界划分为五个气候区，其中有一个太冷、一个太热，都不适合人类生存。梅拉还断言，在他居住地的南方的沙漠地区之外，还有另一个宜居的温带地区，那里生活着"南方的人类"，他们从来没有跟"北方的人类"接触过。

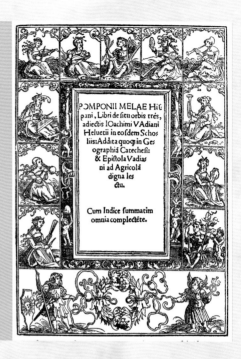

　　下图是19世纪的德国人翻译过的斯特拉波世界地图，其中把大陆分成了三大洲——欧洲、亚洲和利比亚（在希腊语中就是"非洲"的意思）。这种划分方式一直沿用至今（其实欧洲和亚洲之间的分界线在很大程度上画得很随意）。

后一卷出版于公元23年）。他的目标是给旅行者们、使节们和统治者们写一部著作，不仅列出世间各方土地的物理特征，还要兼及各地居民的生活情况，以及诸多文化之间的差异。

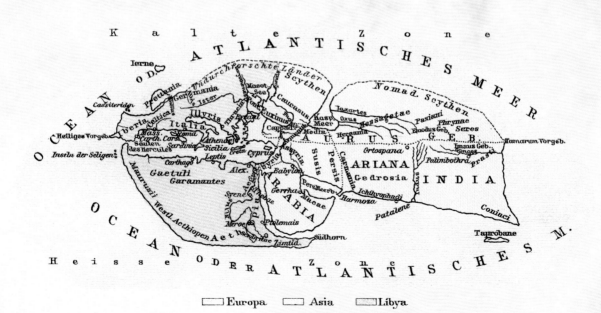

世界观的升级

斯特拉波的许多论述都是关于地中海和北非的第一手资料。至于当时人们心目中的世界最东端——印度的情况，他会向商人们询问。斯特拉波的地图与两个世纪之前埃拉托色尼等人使用的地图差别不大，只画着一块被海洋包围起来的大陆，其中他的家乡（也就是后来所说的小亚细亚）位于这个"世界"的中心地带。

9 "世界末日"

亚里士多德的逍遥学派影响地球科学长达几个世纪。然而，来自其哲学上的主要对手——斯多葛学派的观点，也对后来的研究者的论证方式产生了重大影响。

逍遥学派的哲学家因到处游荡而得到"逍遥"的雅称，斯多葛派（Stoics）则因喜欢在柱廊（stoa）的阴凉处谈话而得名。在亚里士多德他们看来，自然界的各种变化，无论是气候剧变、地震还是火山，都是一个特定过程的一部分，这个过程将走向一个最终的完美、和谐的状态，所以任何灾难性的破坏都会由某种复兴过程来平衡。斯多葛学派反对这种观点，他们认为世界将会在一场灾难中被毁灭，它存在过的所有证据都会被抹去，然后又出现一个新版本的世界。

那个关于"大洪水摧毁所有文明"的神话，被斯多葛学派当成了证据，用来证明世界会被周期性地摧毁和重建。（见上图）

10 老普林尼的自然史

公元77年，古罗马历史学家、航海家、作家老普林尼（Pliny the Elder）出版了《自然史》（*Naturalis Historia*）一书，并声称此书囊括了直到当时为止关于地球科学的一切知识。

老普林尼的这部巨著共有37卷，涵盖天文学、数学、生物，甚至雕塑和绘画，自然也少不了地理学、矿物学等与地球科学相关的领域。这些知识并不是老普林尼自己开创的，他的目标是把别人的著作（通常是已经受到认可的）用一篇文章的

对维苏威（Vesuvius）火山喷发的最佳历史记录并非出自老普林尼之手，而是来自他的侄子小普林尼。后者拒绝加入自己叔叔发起的鲁莽的救援任务。（见右图）

长度概括出来。当然他也会继续发展这些知识，比如他更新了塞奥弗拉斯特的《论石》中关于矿物和采矿的叙述，也修订了斯特拉波的地理情报。然而，老普林尼与地球科学之间最令人难忘的故事并未包括在这部书中：在该书出版两年后，老普林尼发起了一项海路救援任务，要去拯救住在维苏威火山附近的朋友——这座位于意大利西南海岸的火山当时已经开始喷发了。但是，老普林尼本人却在火山附近的海岸上因吸入有毒的烟雾而死。

11 雨的来源

在中国古代的儒家学者看来，雨是上天馈赠的礼物，这一点是儒家经书阐释过的。 不过，到了汉代，思想家王充率先提出了一个准确的水循环理论。

公元80年，王充的杰出著作《论衡》问世，此书内容涉猎广泛，从自然科学到文学、神话等领域均有思想提出。谈到气象学，王充几乎没有顾及传统的说法，他

中国的龙王

在中国的神话中，降雨与龙有关。比如"四海龙王"的传说：人民遭受大旱，天帝派出四位大龙王镇守四海，还让许多小龙王负责各条江河，让它们一直灌溉着农田。

在中国的传说中，四海龙王统辖"四海"，负责掌管天气的变化。

说，雨确实来自天上，但并不是来自星星所处的地方。

水分成云

　　王充感叹道，太多的学者只知道拘泥于经书，导致预报天气的尝试都是从天体（比如月亮）的运动入手的，但真实的降雨原理其实完全没那么玄奥。旅行者为了参拜建在山顶上的庙宇而登上高山时，一旦穿过覆盖在山坡上的云层，衣服就会变得潮湿，这种效果跟遇到阵雨是一样的。王充指出，对这种现象的最简单解释就是：雨和云在本质上是相同的。只要有云飘在半空，就可能有雨水落下——雨水并不是从真正的"天上"落下来的。王充还使用中国传统概念"气"解释了形成云的能量机制，即云中的水分是森林中的"蒸汽"提供的，液态水从大地表面蒸发，上升到更高的地方就形成了云。王充相当出色地给地球的水循环过程做了一个初步描述。

峨眉山是中国四大佛教名山之一。峨眉山顶的寺庙高过云层，所以当然也在雨的上方。（见下图）

12 世界地图

公元2世纪的克罗狄斯·托勒密（Claudius Ptolemy）是一位高产的科学作者，他的著作对全球学术界的影响长达几个世纪。托勒密的《地理学》一书详细描绘了当时已知世界的地图，因而成了历史上第一本地图册。

托勒密是希腊人的后裔、罗马的公民，但是住在埃及——埃及在当时是古罗马帝国的一个富有的省份。托勒密的著作以《地理学》和《天文学大成》为代表，在历史上具有特别的影响力，因为它们在古希腊的哲学和12世纪伊斯兰文明的黄金时代之间扮演着承前启后的角色。它们像桥梁一样，把世界知识的宝座从亚历山大的图书馆转送到了巴格达的智慧宫。从托勒密的作品中淬炼出的思想，在巴格达得到了延伸和发展，后来又在文艺复兴的早期传入欧洲。

上图是托勒密《地理学》的一个拉丁文译本的标题页，出版时间为15世纪。

已知的世界

《地理学》的原始版本大约在公元80年出版，但如今已经亡佚，现在能看到的一些版本都经过了无数次的复制、翻译和润色。学者们共收集了65幅来自该书的地图，它们在不同时期被收录于这部书中，大部分是描绘了河流、山脉和主要定居点的区域地图。托勒密曾把自己找到的诸多地图复制或拼接起来，再通过其他信息源头来给它们添加细节。托勒密编绘的地图中，靠近地中海地区的比较精确，而关于不列颠、爱尔兰和斯里兰卡之类的遥远地区的精度就逊色一些，毕竟这些地区的地图只能根据为数不多的冒险家的见闻汇编而成。

单张的世界地图，是在埃拉托色尼和斯特拉波的某种地图的基础上升级而来

下图是采用"蟾蜍状投影法"的世界地图：尽管在两极区域依然严重失真，但地球上有人居住的地区失真很小。

地图投影

为了更好地在一个二维的平面上描绘地球的三维球面，托勒密的世界地图使用了一种新的投影法。但后来数学家们很快就证明，要在一个平面里绝对精确地绘制出球面上的陆地形状是不可能的。所以，我们必须牺牲一些保真度，问题只在于容忍哪些地区失真。从16世纪开始使用的墨卡托投影法，会在一定程度上缩小赤道地区的陆地面积，而让包括欧洲和北美洲在内的北部陆地显得更大。采用这种画法的地图目前仍然广泛存在，让人难免对这些地区及国家的真实面积产生错误的印象。

的。托勒密自己并没有画过单张的世界地图，一般认为是亚历山大的一位制图员阿加索迭蒙（Agathodaemon）最先绘制了所谓"托勒密的世界地图"。与早期的地图不同，这里的已知世界不是四面环海的：非洲东海岸在此被扩充成"未知的大地"（terra incognita），并且包围了印度洋。"世界最东端"在这幅图里已经延伸到了马来半岛和泰国湾。

经纬坐标

"托勒密的世界地图"是最早使用经纬线网来辅助确定地理位置的地图之一，图中呈现的主要是地球的北半球东半部。其经线范围（180度经线）覆盖了今天所知的半个地球，经度为0的本初子午线穿过了非洲海岸之外一个传说中的"幸运岛"（可能是今天说的加纳利群岛）。这幅图的纬线是从赤道开始往北画的（而且赤道本身也偏北了），测量数据也不是很准。此图涵盖的陆地面积，只占全球实际陆地面积的大约1/3。

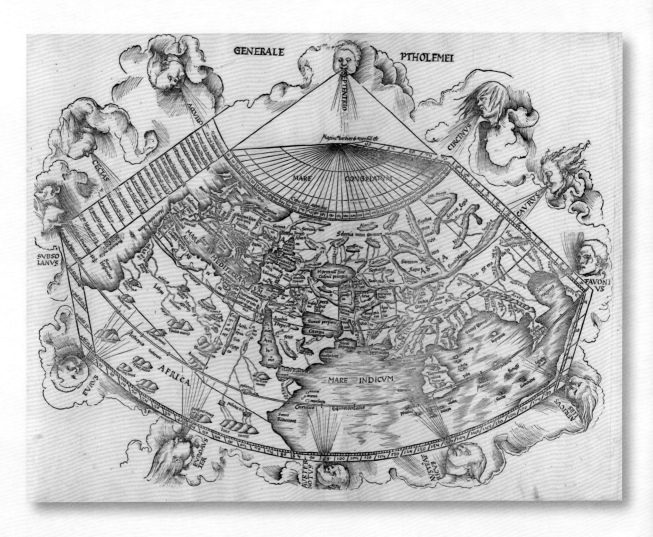

"托勒密的世界地图"（见上图）把当时已知的陆地投影到一个1/4的圆形上。托勒密已经知道地球的大小，也知道各块大陆之间的大致距离，所以他假定地球表面还剩3/4有待进一步被发现。至于能显示整个地球表面的世界地图集，最早的一批也要到1570年才出版。

"世界图像"

现存最古老的"世界图像"（imago mundi）可以追溯到公元前6世纪，它属于一块来自巴比伦的泥板（见左图）。别指望它能起到多少指导旅行的作用，它只是展示了幼发拉底河流域，标出了古巴比伦王国以及沿岸的一些邻国。整个"世界"被一圈"苦涩之河"（理解成海洋也可以）包围着。

13 潮汐的成因

日复一日的海水涨落，是影响水手和沿海居民生活的一种自然现象。 为了弄明白这种全球性的现象因何而生，人们花了很多个世纪的时间。

海水每天会上涨、下落各两次，用海洋学术语来说就是涨潮和落潮。此外，涨潮幅度从特大（"大潮"）到不大（"小潮"）再回到特大，需要两个星期。古人早就认识到这种模式与月亮的运动和月相有联系，但直到公元725年，才由英格兰的僧侣"可敬的比德"（Venerable Bede）在自己的著作《时间推估》（*Reckoning of Time*）中详细论证了上述的两个周期的运作机制。比德发现，每天的涨潮时间平均比前一天迟4/5小时，这与月亮的起落规律相吻合。月亮在每59天中会升起和落下各57次，而其间会有114次潮汐（正好是57的2倍）。比德还指出，风力和风

比德住在诺森布里亚王国（属今英格兰东北部），该地区的统治者在历史上的大部分时期都来自班伯堡（Bamburgh Castle）——这个地方守卫着北海沿岸的滩涂地区。（见下图）

比德（见上图）是英格兰在"黑暗的中世纪"里最重要的历史学家。

大潮和小潮

虽然春分和秋分节气时潮水涨得很高，但是术语"大潮"（spring tide）的意思并不是指这两个节气，而是指涨潮的水面升到海岸上一个更高的位置。而"小潮"（neap tide）中的"neap"源于古英语单词，意为"弱的"。潮汐是由月球引力造成的，月球引力可以把海平面拉升很多米，形成一个隆起。随着月球绕地球旋转，海面隆起的部分也会绕着地球旋转；同时，背向月球一侧的海面也形成相应的隆起。大潮期间，月球的引力会与太阳的引力叠加，所以隆起的部分会变得更大；而小潮期间，太阳和月球的引力方向是彼此垂直的。

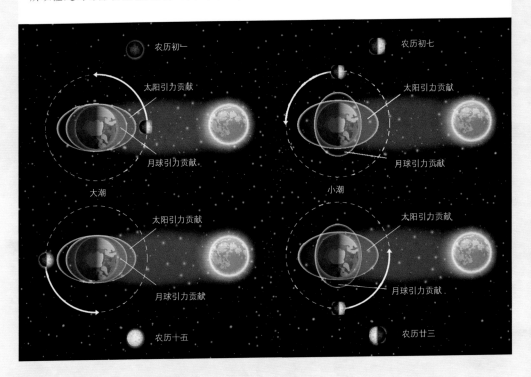

向也对潮水的高度有一定影响。

比德的工作完成于欧洲史上的"黑暗时代"（Dark Ages）——随着罗马帝国于公元5世纪灭亡，从欧洲产出的有历史价值的资料逐渐减少。比德是那个年代有作品流传下来的少数学者之一。14世纪前后，欧洲文艺复兴、知识界得以复苏之前，伊斯兰世界成了学问的中心。许多阿拉伯和波斯学者继续研究潮汐和月球的关系，然而，到了9世纪却出现了一种全然不同的潮汐理论，其提出者肯迪（al-Kindi）是当时最有影响力的思想家之一。肯迪认为，涨潮是由于太阳照到了水，水受热膨胀而形成的，当太阳离开，水就会冷却和收缩，形成落潮。肯迪由此越发坚定地推断说，风的形成也出自同样的原理，因为热的空气会膨胀，并向外冲撞到较为寒冷的地区。

启蒙运动的力量

"潮汐是一种天气现象"的观点，最终在1608年被荷兰的数学家西蒙·斯蒂文（Simon Stevin）彻底否定。斯蒂文指出，是月球产生了一种力量，把更多的海水"拉"了起来。仅1年后，约翰尼斯·开普勒（Johannes Kepler）就进一步证实了这个看法，提出了与该问题相关的、可以月球为例的天体运行规律。不过，在开普勒眼里，月球可能具有某种磁性。但直到1687年，牛顿的万有引力定律才彻底解释了潮汐（以及其他许多东西）。后来，皮埃尔-西蒙·拉普拉斯（Pierre-Simon Laplace）于18世纪70年代给出了一套公式，用来计算特定海岸段的潮汐时间，可惜其计算过程复杂得令人生畏。又过了100多年，开尔文勋爵（Lord Kelvin）发明了一种模拟计算机用来完成这些计算，这套与机械钟表类似的装置一直沿用到20世纪70年代。

西蒙·斯蒂文

这位荷兰数学家之所以对潮汐感兴趣，部分原因是他发明了一种风力驱动的交通工具"陆地游艇"，可以沿着海岸"航行"。然而，他一生最大的贡献是将小数的概念引进了欧洲，让数值里小于1的部分可以用十分位、百分位等来表示。

14 美洲之旅

大家都知道，哥伦布曾于 1492 年航行在蓝色的大海上。但是，请先把这些事都忘掉，因为在哥伦布之前的五个世纪，维京人就已经在灰色的北大西洋海面上探险了。这些筚路蓝缕的北欧人甚至曾在北美洲定居几十年之久。美洲的历史，本来可能与现在完全不同。

雷夫·埃里克森（Leif Erikson）带领维京人探索了格陵兰西侧的海域，发现了一条新的海岸，那就是如今的加拿大。

人们普遍认为，美洲原住民的祖先至少在 14000 年前就从亚洲迁徙而来了。那时的地球正处于冰河时期，陆地上覆盖着很厚的冰层，所以海平面要比现在低得多。现代的"白令海峡"（Bering Strait）在那时是一片连接着西伯利亚和阿拉斯加的

原本在格陵兰定居的维京人殖民者在当今的纽芬兰建立了一个小村，但他们在不到一代人的时间里就放弃了这个新的住所。（见上图）

干燥陆地，名叫"白令陆桥"（Beringia）。在距今约11000年前，这座陆桥被不断上升的海平面淹没了。从那时起，到达美洲就成了只有经验老到的航海者才能办到的事。而事实上，探险者们又过了10000年才完成了这样的旅行，他们于公元1002年到达了北美洲的东岸。这些船员都是挪威人（也常被称为维京人），他们的故乡是斯堪的纳维亚半岛，但他们所属的社群曾于公元9世纪70年代定居到冰岛，后又迁移到格陵兰岛。

越洋航行技术

挪威的"长船"很坚固，它以多层重叠的木板加上灰渣制成，足以抵挡汹涌的海水。它们的动力来自风帆或船桨，航向由一块大桨板操纵。大桨板位于右舷的后方，或者说"右舷侧"（starboard side，该术语源于"舵板"一词）。这种长船很难区分船头和船尾，因为它在前后两个方向上都能灵活移动，这种外形特点尤其适用于在河流上和狭窄的港湾里航行。据传，冰岛的挪威人会使用透明的水晶石，这种

预言美洲

1037年，波斯的地理学家比鲁尼（al-Biruni，见右图）预言了美洲的存在，但他并没意识到当时维京人的冒险家已经登陆美洲了。比鲁尼在计算了地球的大小后，发现已知的大块陆地都聚集在地球的同一侧，因此他指出地球的另一侧也必然存在大块的陆地，否则无法"维持平衡"。

"维京罗盘"可能属于一种高透光的方解石，它能把穿透它的光线分解开来，即使太阳躲在云雾中，人们也能确定太阳的位置，由此就依然能确定船只所处的方位。

偏离航线

尽管维京人有长途航海的能力，但他们发现北美洲这件事出于偶然。来自格陵兰的雷夫·埃里克森在一次从挪威返航的途中，被风吹离了航线，到达了一片长满野麦子和野葡萄的土地。埃里克森把那里命名为文兰（Vinland），意思是"农田"。不久后，埃里克森带着一支装备更佳的格陵兰海盗队伍再次造访那里，并探索了周边地区，发现了冻土带（很可能就是今天的巴芬岛）和茂密的森林（今天的拉布拉多）。最后，他们回到了文兰，在那里建起了一个小型定居点。20世纪60年代，考古学家发现了美洲最早的欧洲人定居点的存在证据，它位于纽芬兰北端的拉安斯欧克斯梅多（L'Anse aux Meadows），名叫莱夫斯布迪尔（Leifsbudir）。它没多久就被废弃了——维京人与当地人发生了冲突，前者在记载中称呼后者为斯克林人（Skraeling），意思是"穿兽皮者"。

15 液态岩石

波斯学者阿维森纳（Avicenna）在历史上以医生和哲学家的身份闻名。然而，他在著作《治愈之书》（*The Book of Healing*）中也对地球科学做了讨论，其话题包括新岩石是如何生成的。

这部出版于1027年的著作虽然名字中有"治愈"二字，但当时的读者们很少能从中读到关于医疗技术的内容。阿维森纳认为，岩石是在与液体接触的过程中生长出来的，他由此解释道，已死的生物就是这样才变成了化石。此外，阿维森纳也在思考山脉的形成问题，他想弄清山脉是某种剧变的产物，还是一种需要很长时间才能缓慢形成的东西。而在当时的欧洲，谁若敢思考这样的问题，肯定会被打成"异端"。

根据阿维森纳的理论，岩浆中含有一种能形成岩石的液体，他称之为"化石液"（succus lapidificatus）。

红头发埃里克

正如他的姓氏所暗示的，雷夫·埃里克森的父亲是维京人中有名的大海盗、冒险者"红头发埃里克"，后者被认为是第一个在格陵兰定居的欧洲人。诚然，根据冰岛流传的故事，在埃里克之前已经有人发现了格陵兰，但"红头发埃里克"在公元985年率先在格陵兰成功建立了定居点。为了吸引其他人前来居住，埃里克将此地命名为"格陵兰"（直译为"绿地"），但这并不说明那时候格陵兰的气候比现在好得多，那时它照样很冷。"红头发埃里克"之后的500来年，一直有大约2500名挪威人生活在格陵兰的西南海岸，组成了一个社区。到了15世纪后期，格陵兰的气候变得更加恶劣，于是这群人也搬走了。

16 沧海桑田

高山的岩石中为什么会有海洋贝类的化石？ 要说提出这个问题的人，中国科学家沈括并不是第一个。但是，沈括在11世纪70年代把这个现象和其他证据联系了起来，由此解释了陆地是如何形成的。

沈括以采自太行山的软岩化石为出发点，提出了自己的地形学理论。

深入内陆的山脉中出现了海洋生物的化石，显然说明那里曾经是海床。沈括赞同这一思路，并由此提出，沉积物在很长的时间里逐渐覆盖在海床上，形成岩石浮出水面，最终形成陆地。沈括又说，在十分干旱的沙漠可以发现竹子的化石，而沙漠的环境里根本长不出竹子，所以只能认为土地也会发生变化。例如，地表下的力量可以把大地推到高山上，山上的岩石又会被侵蚀，作为淤泥和其他沉积物被雨水冲走，进入河流，流进大海，在海床上形成新的沉积层。这一切过程只要有足够漫长的时间就可以完成。

17 彩虹的原理

在天上把七种颜色缥缈排开的彩虹，一直吸引着科学家们的注意力。1300年，人们在玻璃球的帮助下窥探到彩虹的奥秘。

公元1世纪的罗马哲学家小塞内卡（Seneca the Younger）是第一个对彩虹进行解释的人。他注意到，彩虹总是出现在与太阳正对面的天空中。他还指出，溅起的一颗水滴之中也可能产生彩虹。他的结论是，水滴有着镜子般光滑的表面，彩虹则是阳光在这些表面上反射的结果。这个观点一时间被广泛认可，甚至直到11世纪还

西奥多里克用黑白图示来解释他关于彩虹的发现。（见右图）

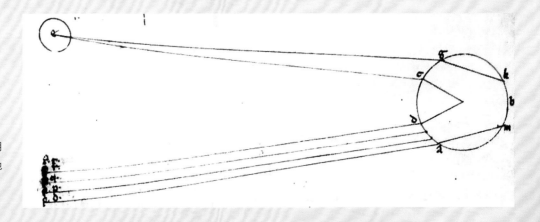

被阿拉伯世界的光学奠基人海什木（al-Haytham）所认可。然而，到了1300年，德国修道士西奥多里克（Theodoric）揭开了真相。他用装满水的玻璃球代表雨滴，看到一束照射到这个球上的阳光拐了弯，或者说，阳光折射到了"雨滴"的背面。在那里，有些光形成了第二次反射，还有一些发生了第二次折射，然后离开"雨滴"回到空气中，白光在此分解成多种色彩。我们看到的彩虹，就是这些折射和反射的结果。彩虹实际上是个圆环形，只不过我们仅能看到它处于天空中的部分。

18 财富之旅

1405年，中国明朝人在皇帝的命令下，开展了一次前所未有的探险。 中国的巨船扬帆远航，探索海外，彰显了这个文明的伟力。

大明王朝的此次行动，意在拓宽对世界的观念，并改变外国人看待中国的方式。率领这一庞大舰队的是航海家郑和，他先后进行了七次航行，访问了东非、阿拉伯、印度，以及现在的印度尼西亚西部诸岛。这七次航行完成的贸易和外交任务，既让外国更加确信了中华文明的强大，也增进了中国人对印度洋地区的了解。

郑和的船队关注的主要是沿途的贸易，但客观上也发现了海上货运的新路线和文化交流的新渠道。然而，这支舰

郑和作为传播中国影响力和伊斯兰文明的人物，在东南亚的大部分地区都受到尊崇。

队的航行在1433年结束了，给印度洋的海上力量留下了一个真空地带。这个真空地带在该世纪的后期就被他人填充了。进入16世纪后，欧洲的探险家们纷纷绕过非洲南端，向东航行，来到这里。假如明朝当初能把这样的航行坚持下去，历史或许会大不相同。

郑和的船队里有一些巨型船只，其大小至少是当时其他地方所造船只的两倍（尽管其准确数据尚有争议）。虽然关于船队的记载很难核实，但据记载，这种巨型船有40多艘，它们展示着明朝的财富，并表明船队不是为了掠夺其他国家而来的。此外，队内还有200艘其他船只，成员多达28000人。

指南针

郑和的船队使用磁罗盘导航，这项技术当时才刚刚传入西方，然而中国人使用它已经有大约1000年的历史了。在中国传统文化中，被做成勺子形状的磁石（天然磁铁）可以用来指向南方，指南针（见下图）最初用于人们从自然景物中追踪"气"的流动（指祭祀和占卜等）。而在欧洲的水手们看来，更重要的追踪目标是"北"。

19 磁导航

在人类航海史的大部分时间里，船长们通常倾向于沿着海岸航行，因为如果离岸太远，到了看不见地景标志的地方，他们就会迷路。改变这种情况的是磁罗盘的出现，它提供了新一代的导航技术。

早在公元前200年，中国就已经用磁石做成指南针了。公元14世纪，指南针技术已经从亚洲传到了欧洲；到了15世纪，欧洲人（尤其是西班牙人和葡萄牙人）开始利用这项技术航向远离陆地的开放海域。对远洋航海来说，指南针可是至关重要的工具，因为它总能可靠地指出北边在哪里。然而，大西洋上的探险家们后来注意到，磁石指出的北方不总是准确的，或者说，至少有些小的偏离。这种偏差现在被称为"磁偏角"，它就是位于地球北极点的"真北"和位于加拿大北部的"磁北"之间的角距。根据北磁极偏东或偏西的幅度，可以准确地推算出航船跨越了多少个经度。中世纪的航海家们在穿越空旷的大片海面时，已经会依靠磁极的方向来粗略估计自己走过的经度。

下面这幅19世纪的地图标出了从不同地点测得的北磁极的大致方向（尽管经过地图投影之后，标线已被严重扭曲了）。

航海家亨利

葡萄牙是一个位于当时"世界"西部的遥远边陲的国家，远离欧洲和亚洲的众多贸易重镇。然而，那里通往海洋的途径是便捷的，对葡萄牙来说，一条方便前往世界其他地方且能够自主控制的通道，或许正是大海。于是，大约在1418年，这个国家的统治者——王子亨利要求水手、数学家和工程师们去开发长途航海所需的技术。史上所说的"探险时代"由此开始了。

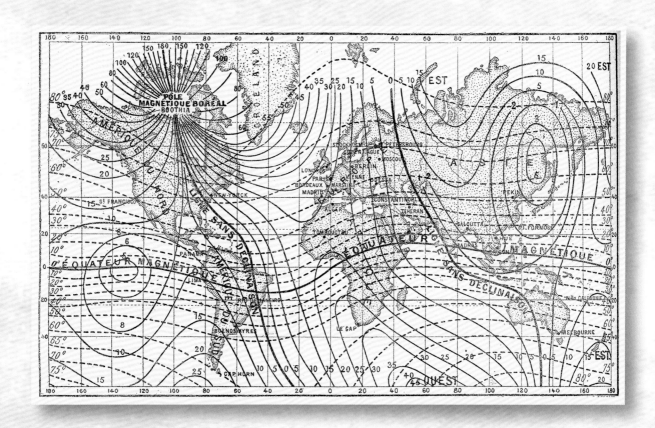

20 天气测量

在文艺复兴时期，科学家们开始使用数据来记录事实。比如对天气的研究，就是由一个典型的文艺复兴时期人物肇始的。

莱昂·巴蒂斯塔·阿尔伯蒂（Leon Battista Alberti）涉猎极为广泛，无论诗歌、建筑、数学还是密码破解，他都有所研究。他还发明了风速计用来测量风的速度。这种在15世纪50年代设计出的装置，直到今天仍然具有很高的辨识度，因为它的形制从那时到现在的变化并不大：它的叶片安装在一个中心轴上，不论风从哪个方向吹来，都可以推动叶片，并引起中心轴的转动，让其他叶片也随着风转动起来。这个会旋转的装置每分钟旋转的次数可以反映出风的强度。

后来，经过改进的风速计用"风杯"代替了叶片："风杯"有圆杯状的曲线外观，更有利于这个装置均匀地旋转。如今，这种装置在机场、码头等地的气象站都能见到。至于螺旋桨形状的测风仪，则像小型

温度的高低限

1780年，詹姆斯·西克斯（James Six）发明了一种U形的温度计，其水银顶端带有钢制的标记：左边的标记会随着温度的降低而下降，并保持在最低温度处；右边的标记则会上升并指示出当天的最高温度。

雨量计

阿尔伯蒂对天气的测量做出了贡献，而在与他差不多同一时期，当时已知世界的另一端——朝鲜也开展了相关研究。15世纪初正逢朝鲜王朝的全盛时期，当时的朝鲜国王下令在朝鲜各地安装"测雨器"，这种标准化的测量仪可以收集朝鲜全国不同地区的降水量数据。目前，只有一台这种设备保留了下来（见左图），它是一个深约32厘米的钢制圆筒，牢固地安装在坚硬的石质底座上。

风车一样绕着水平轴旋转，同时其旋转面也可以随着风向而改变，从而同时显示出风向和风速。

潮气来了

空气中的湿度，是预报降水概率时一种良好的指标。中国古代负责监测天气的人会使用木炭块作为湿度计：木炭从空气中吸收水分后，会变得更重。15世纪中期，与阿尔伯蒂同时代的尼古拉斯－库萨（Nicholas of Cusa）发明了一种湿度计，它需要使用一根足够长的人类头发，因为发丝在潮湿时会变长，干燥时会收缩。当湿度计以合适的力度把发丝轻轻绷起之后，发丝本身的这种伸缩变化就可以清楚地显示出来。这种发丝湿度计的诞生或许要归功于艺术家、工程师和全能天才达·芬奇，因为他1480年的素描本《大西洋抄本》（*Codex Atlanticus*）中就含有该仪器的设计图。

古雅典集市上的"风塔"（The Tower of Winds）被认为是世界上已知最早的气象站。它除了顶上安装风向标显示风向，还配有日晷和水钟为市民提供授时服务。（见下图）

21 哥伦布的航行

克里斯托弗·哥伦布（Christopher Columbus）或许是历史上最有名的冒险家了，他是第一位把"大西洋的西边有一块新大陆"这个消息确切地带回欧洲的船长。而这个大发现却与一个较大的认识错误紧密相关。

通常所说的"美洲历史"是从1492年10月12日开始的，也就是哥伦布的船队在巴哈马群岛登陆的日子。由此，欧洲各国的统治者们才开始把注意力转向大洋的西岸。以那一天为分界，美洲大陆更早的历史被称为"前哥伦布时代"。发现"新大陆"的消息传到欧洲后不到几个月，就有冒险家和移居者开始到达美洲，去抢占那里的土地，这之后才是我们熟知的全球历史。

海之蓝

具有如此重大历史意义的事件，居然源于一次严重的误判。这说来颇具讽刺意味，但也不足为奇。在如今的美国，哥伦布的故事已经快成为全民公认的"神话"了，但其细节仍大多处于迷雾之中。就最流行的版本来说，事情是这样的：来自意大利的水手哥伦布计划寻找一条向西的航线，以便到达"印

首场台风

哥伦布发现新大陆后，次年再赴加勒比海，准备创建贩奴产业来发财。加勒比海是世界上飓风最活跃的地区，哥伦布的船队被迫在伊斯帕尼奥拉岛的南端躲过这可怕的风暴。他在撰写报告时，将这种灾难称为"海怪"，这就是历史上第一份送到欧洲的关于飓风现象的报告。而"飓风"（hurricane）这个词就来自泰诺（Taíno）人的语言——在哥伦布到来之前，泰诺人已经在加勒比群岛定居。但是，随着哥伦布和其他殖民者陆续在那里建立了定居点，泰诺人很快就从历史上被抹去了。

度"，因为那是最著名的盛产香料的群岛——也就是今天所说的印度尼西亚。哥伦布带着一群追随者去见葡萄牙国王，希望获得资金支持，但葡萄牙的航海专家很快驳回了他们的请求。后来，哥伦布从西班牙皇室手里获得了他需要的船只。西班牙皇室虽然也觉得哥伦布的想法有点疯狂，但还是愿意尝试一下，毕竟他们想尽可能地获得比葡萄牙人更多的财富，如果真能找到的话，距离就不是问题了。（由于对哥伦布的计划没抱什么希望，西班牙还向哥伦布授权：如果他真能发现任何土地，就可以自封总督头衔——相当于西班牙国王在当地的最高代理人。）其实，哥伦布招募的船员们对这个计划也不太热心，原因正如我们所知：他们害怕航行到"世界的边缘"之后从那里掉下去。

只走了一半

当时向西出海之后，最著名的陆地是加那利群岛。哥伦布的船队在从加那利群岛继续向西航行了一个月后，就开始有不少船员请求放他们回家了。哥伦布为此多花了三天去安抚众人的恐惧情绪。幸运的是，在这个关键阶段，他们很快发现了新的土地。哥伦布觉得，这里应该就是位于东亚的印度。因此，在接下来500年中的

哥伦布在西班牙南部海边的帕洛斯（Palos）准备出航。尽管有传言说大地是扁平的，航行到大海的尽头可能掉进深渊，但船员们此时甚至没心思为此焦虑，因为向西去往亚洲所需的海上补给并不充裕。（见下图）

通往印度之路

哥伦布努力游说葡萄牙支持他的计划时，曾有一件事对他造成了阻碍：航海家巴尔托洛梅乌·迪亚士（Bartolomeu Dias）当时发现了非洲大陆的最南端，这意味着可以找到一条向东通往亚洲的航路。迪亚士起初把非洲的最南端命名为"风暴角"（Cape of Storms），但后来为了提升其吸引力，又改名为"好望角"（Cape of Good Hope）。1497年，瓦斯科·达·伽马（Vasco de Gama）率领一支葡萄牙探险队沿着这条航路出发，一年后驶抵印度（这是真正的印度）。而如果朝西航行，大西洋上的风很容易把船只带往西南方向，使其靠近如今的巴西海岸——结果确实如此，巴西这块土地不久就成了葡萄牙的殖民地。

大部分时间里，这里的土著居民都被错称为"印第安"（意即"印度人"）。

此种认知错误建立在一个更大错误的基础上，而这个基础错误直接牵扯了这次探险的根基问题：哥伦布之所以错误地确信自己可以只用大约5个星期就从西班牙航行到亚洲，是因为他对地球周长和大陆面积的计算出了一些问题。首先，他使用的是来自古希腊和阿拉伯的数据，但又弄错了那些数字的单位大小，导致他最终算出的地球周长比先前估计的要小1/4。其次，他严重低估了远东与欧洲之间的距离，他以为，远东的陆地具有广域的东西向分布，几乎覆盖了半个地球，所以他预先推算出的航行里程还不到实际里程的一半。葡萄牙航海家之所以否决他的计划、船员们在航行了几个星期后感到不安，都是缘于哥伦布的计算误差。哥伦布的船员一直担心会被饿死在海上，好在他们最后误打误撞地到达了这块后来被称为"美洲"的陆地，不然真的难免一死。

右侧这张绘制于1490年的地图曾在葡萄牙里斯本展出。据说这个版本可能是哥伦布在进行著名的美洲首航时使用的。

22 环球航行

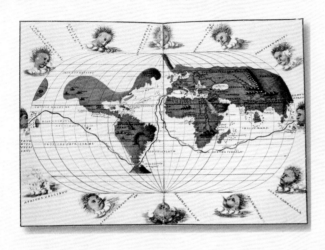

麦哲伦用了近3年的时间，完成了具有历史意义的环球航行。

尽管哥伦布的航海取得了意想不到的成功，但这次探险的赞助者——西班牙国王仍然没有找到进军亚洲土地的机会。于是，另一支西班牙舰队于1519年启程，试图实现这个目标。

1494年，航海探险得到的世界版图已经逐渐明朗，由此带来的贸易机会也昭然若揭。此时，两个主要的海上强国——西班牙和葡萄牙同意将世界对半平分。他们签订了《托尔德西里亚斯条约》（*Treaty of Tordesillas*），规定在北大西洋中部划出一条分界线，线的西侧全归西班牙所有，而线的东边都是葡萄牙的活动范围。但后来发现，巴西的东部海岸其实越过了这条界线，处在线的东边，这就等于在美洲大陆给了葡萄牙一个立足点。

合恩角

南美洲的最南端称为合恩角（Cape Horn），那里的海岸线形状复杂，有众多的水道、岛屿和海湾。麦哲伦率舰队航行到这里，看到当地居民会在夜间点燃许多火堆用于取暖（或是准备发动攻击），于是将这里命名为"火地岛"。麦哲伦选择驶向一条狭长的、迂回曲折的水道，他的舰队就这样从大西洋进入了太平洋。这条水道就是今天的"麦哲伦海峡"（Strait of Magellan）。（见右图）

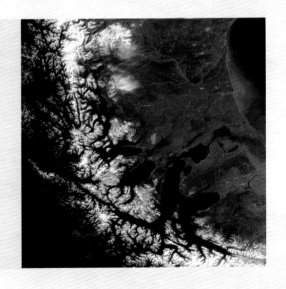

一片新大洋

出发前往亚洲的这支西班牙舰队的指挥官却是一名来自葡萄牙的航海家，他就是麦哲伦。他带领5艘航船，穿越了大西洋，经过了巴西海岸，绕过了南美洲的南端。于是，麦哲伦的探险队成了第二支从美洲继续向西航行的欧洲船队。（在他之前几年，已有一位西班牙探险家穿过了"巴拿马地峡"，到达美洲的西海岸。）麦哲伦把美洲西侧的这片大海命名为"和平之海"（peaceful sea），这个名字后来逐渐演变为"太平洋"。麦哲伦的船队花了3个多月的时间，才穿过这片世界上面积最大的海洋（其面积约等于其他所有海洋的面积之和）。从欧洲出发18个月之后，船队接近了香料群岛（Spice Islands），并在宿雾（Cebu，今属菲律宾）停泊。在这里，麦哲伦卷入了一场当地的战争，结果在一场小型冲突中丧了命。麦哲伦死后，埃尔卡诺（Elcano）接过了指挥船队的重任，他带领剩余的船队绕过了非洲南端，最终回到了西班牙。这次航行持续3年之久，出发时的270名船员里仅有18人活着回来。

麦哲伦在如今菲律宾的土地上卷入了一场部落战争，战斗刚开始不久他就受了伤，随后身亡，告别了自己的发现之旅。（见右图）

23 金属的性质

在"黑暗的中世纪"里，主导岩石、矿物特别是金属研究的，一直是炼金术士，他们被认为拥有魔力。直到1556年，才有一位德国医生采用了一种更为直观的研究方法。

炼金术的核心目标是揭示"物质变化背后的魔力"，当然，我们现在已经知道这种变化正是化学反应。普通的炼金术士最感兴趣的则是怎么能快速炼出值钱的东西，比如利用铅来提炼黄金，或者制造出"长生不老药"。这些术士的发财梦最终当然没能实现，但他们却积累了一些有用物质的列表，尤其是各种金属。1556年，来自现今捷克共和国的一个矿业小镇的医生乔治·帕沃（Georg Pawer）出版了一本矿物学概论书籍《金属的性质》（*De Remetallica*）。这本书概略讲述了如何识别各类矿石、在哪里可以找到矿藏，还阐述了当时最先进的采矿、冶炼技术。帕沃的著作并不是当时唯一的这类技术手册，但事实证明这本书最为重要——两个世纪之后仍有人在使用该书的副本。

帕沃的书中满篇都是关于发现和提取矿物的实用指导，还配有全套的插图。（见右图）

24 潜水艇

人类的深海探险从"潜水钟"开始。1578年，英国数学家威廉·伯恩（William Bourne）提出了关于"能在水下行驶的船"的设想。新的挑战由此来临！

伯恩的设计方案是在木制框架上铺设防水皮革，制成容器，以手动棘轮来拉动其两侧，从而减小容器的体积。但是，他从未把这种船制造出来。制造第一艘真正意义上的潜水艇的荣誉，要归于荷兰发明家科尼利厄斯·范·德雷贝尔（Cornelius van Drebbel）。德雷贝尔的潜水艇方案与伯恩的类似，即在木制框架上安装一个涂过油脂的皮革外壳。其用于推进的船桨，也是通过紧固的皮制襟翼向外伸出的。1620年，德雷贝尔在英国伦敦的泰晤士河举行试航，船在水下4～5米深处行驶成功。但从那时起，潜水艇技术的发展就是以战争的需求为主轴的，直到1960年才有了以勘探为宗旨的深海潜艇。

右侧这幅画描绘了"德雷贝尔潜水艇"，但它的想象成分多于现实。流经伦敦的泰晤士河水并未清澈到能看见水面之下的潜水艇，尤其是在尚无下水道的17世纪。

25 气压

早在古希腊亚里士多德的时代，就有"大自然容不得真空"的理念。但是，真空到底有没有可能存在呢？对这个问题的调查，将带来对大气性质的新认识，并且给天气预测技术提供助力。

关于气压的故事，如同17世纪的许多科学故事一样，可以从伽利略说起。伽利略由于发现太阳系的真正结构而声名鹊起，其影响于1630年达到了顶峰。这时，有人向他求教：既然虹吸管可

托里切利（Torricelli）的水银管证实了气压的存在，这一发现具有深远的影响。这不仅是对气象学而言，对更基础的学科如物理学和化学也是如此。（见下图）

以把水吸起来，那为什么不能用这种方法把水搬过一座大山呢？按当时的认识，一台水泵在虹吸管的一端吸水，有可能产生些许真空，而水会冲过来填满这些真空，并在管道中流动，这遵循的是亚里士多德的著名论点。对于虹吸高度的能力极限，伽利略则认为：真空也有它自己的极限。伽利略去世后，他的助手托里切利再次研究了虹吸问题，并在缩小到1/10的尺度上做了微型实验。托里切利把一根玻璃管的一端封闭起来，并在管内灌满水银，然后把管子的另一端放进一碗水银里。结果，管子里的水银柱总是降到76厘米高，似乎这个高度也存在一个极限：与虹吸管提升水面高度的能力极限相比，水银实验的极限高度约为前者的1/14。这一发现足以让托里切利彻底推翻关于"水泵和真空"的理论。托里切利认为，虹吸液体的上升不是缘于真空的拉力，而是因为空气的压力在推动它。当液柱的重量与空气的推力平衡时，液柱的抬升高度就达到了极限。"气压计"就是一种测量空气压力的设备——尽管有其他人对这种装置做过改良，但托里切利的发现还是让他被认定为"气压计的发明者"。

德雷贝尔的"永动机"

科尼利厄斯·范·德雷贝尔依靠他那些令欧洲皇室感到兴奋的发明来讨生活。除了潜艇，他还设计了一种"能一直自行运动"的机器，也就是所谓的"永动机"。这种"永动机"其实只是一个精致的管状玻璃环，一端开口，另一端有一个被水困住的气泡。德雷贝尔向人们展示了水如何在这种管子里不停地流动，他解释说这是"潮汐力"和占星术两种力量共同作用的结果，但在面对不同的观众时，他经常根据观众的特点给出不同的解释。据说莎士比亚在他1611年的戏剧《暴风雨》（The Tempest）中就受到这种装置的启发，塑造了艾丽尔（Ariel）的形象，即一个被巫师普罗斯派罗（Prospero）奴役着的灵魂。事实上，这种装置仅是依靠周围气温和气压的自然变化来推动水的往复运动的。不过，该装置有个相对简单的版本，即J形温度计，在当时引起了科学界的广泛关注，并成为温度计技术发展史上的一个阶梯。

跌宕起伏

托里切利于1647年因伤寒而早逝，次年，法国人布莱斯·帕斯卡（Blaise Pascal）接手了这项研究。为了进一步展开研究，帕斯卡邀请自己的妹夫弗洛林·佩里埃（Florin Perier）前往位于多姆山（Puy de Dome）山脚的克莱蒙–费朗（Clermont-Ferrand）镇。佩里埃首先在克莱蒙–费朗镇安装了一部水银气压计（其读数一整天都保持稳定），然后带着另一部相同的水银气压计，攀登多姆山这座海拔1460米的圆顶死火山。佩里埃在登山途中仔细测量气压，结果每测一次都发现：随着高度的上升，水银的平面在下降。这印证了帕斯卡所预测的事实：气压（或者说空气的密度）是随着海拔升高而降低的；越高的地方，空气对水银的推挤力越弱。其实，即使是在海平面上，气压也在随时上下波动。帕斯卡不久后就发现，在天气不稳定的雨季，气压通常会下降，而较高的气压通常预示着平静的天气。不过，当时没人能解释为什么会有这种联系。

托里切利的水银管对新一批启蒙时期科学家的成长起了关键的作用，而其所依靠的玻璃加工技术在半个世纪后得到了改进，催生了第一部精密的温度计。

26 天气数据

不言而喻，天气的变化不是突然发生的：在变化到来之前，有很多迹象可以预示之。 如果能在足够大的范围内观察这些迹象，我们就能更加精准地预测天气。在1654年，一位意大利的公爵兼业余研究者就建立了这样的一个系统。

已知最早的天气观察员

美第奇家族即便拥有最早的气象观测服务提供者这一头衔，也不能算是最早系统性地收集气象数据的人。14世纪初的"天气观察员"威廉·梅尔（William Merle）在英国的牛津工作，他几乎每天记录天气情况，坚持达15年之久，这是已知最古老的连续气象数据。

美第奇家族的费迪南多二世（Ferdinando II de' Medici）拥有贵族头衔——"托斯卡纳大公"。他大部分时间住在位于佛罗伦萨市中心的豪华建筑"皮蒂宫"（Pitti Palace）里，闲暇时还痴迷于炼金术。佛罗伦萨市是文艺复兴的重镇之一，而费迪南多二世也经常和一些知名的艺术家、工程师，以及新一代科学家（比如伽利略）保持来往。费迪南多二世对当时不断出现的一些新"玩具"和小发明都颇有兴趣，比如湿度计、风速计、气压计，以及温度表的最初雏形。还有传说称，费迪南多二世接受伽利略的指导后受到启发，发明了人称"伽利略温度计"（Galilean thermometer）的装置：这种装置含有多个装满酒精的玻璃泡，而这些酒精分别是在一系列不同的、特定的压力水平下被灌装进去的。众多玻璃泡可以在一个水柱之中随着温度的变化而改变密度，从而上浮或下沉。不过，这个看起来颇为精妙的装置从未被广泛应用过。

文艺复兴时期的意大利，新的科学蓬勃发展。费迪南多二世（见下图）是其热心赞助者之一。

试验

尽管当时美第奇家族的财富已开始减少，费迪南多二世仍然是那时候世界上最富有的人之一。他把自己的测量仪器送到意大利的各个地方，甚至外国（今奥地利、法国和波兰），建立了历史上

远程数据

虽然美第奇家族的气象站系统最终失败了，但创建气象站这一行为还是刺激了其他地方发展自己的气象观测网络。1849年，这方面迎来了一次飞跃：位于美国华盛顿特区的史密森学会（Smithsonian Institution）开始使用电报技术搜集天气数据。史密森学会于1846年成立，其总部又被称为"城堡"（The Castle），坐落在美国国家广场（National Mall）。其首任会长约瑟夫·亨利（Joseph Henry）是电磁技术的先驱之一，也是电报技术的联合发明人。该学会在全美国设立了150个气象站，它们每天送来的数据会被汇总成一张"每日天气图"，并在"城堡"展示给大众观看。

第一批气象站，共有10处。来自这些地方的数据被送回佛罗伦萨市的西门托学院（Accademia del Cimento）进行分析。这个学院的创建者正是费迪南多二世的兄弟莱奥波尔多（Leopoldo），其名字的大意是"试验学院"（或理解为"实验学院"更好一些）。它作为一家科学机构，几乎可以说是历史上的另一次"首创"。可惜的是，美第奇家族只把它当作一个俱乐部来经营，而这份注意力后来也最终被其他事情分散。那些气象记录几乎全部失传，也没有听说他们从这些记录中得出什么结论。

27 岩层

1669年，丹麦人尼尔斯·斯坦森（Niels Steensen）用四个定律描述了地层中形成岩石的过程，给现代地质学奠定了基础。他也以自己的拉丁文名字而著名，即尼古拉斯·斯丹诺（Nicolas Steno）。

斯丹诺对地球和岩石史的研究兴趣，是在他研究化石的时候产生的。斯丹诺用了几年的时间创立了地层学（stratigraphy）的总体理论，这是一门关于地层（或者说关于岩层）的科学——我们在每条峡谷或每处被严重侵蚀的地貌中，都不难看出岩层的存在。斯丹诺是在1669年发表的《论固体内部经由自然过程产生的其他固体物质》文章中提出地层学理论的，这项成果提供的一些原则支撑起了自然地质学（physical geology）领域，这一领域主要研究岩石、矿物质和大尺度地貌特征。

四个定律

斯丹诺（见下图）是一位多才多艺的研究者。除了思考各种岩层和其中化石的整体图景，他还对岩石中各种晶体的精细结构颇感兴趣。

斯丹诺发现的第一个定律称为"叠覆律"（the Law of Superposition），即在一个特定的地层正在形成时，它下面会有另一个地层阻挡那些有进一步下降倾向的（破碎）物质。第二个是"原始水平律"（the Principle of Original Horizontality）：在一个较新的地层的形成过程中，其下伏地层的黏稠度已经几乎达到固体的程度。第三个是"侧向连续律"（the Principle of Lateral）：任何一个地层形成后，它要么被另一种固态物质包围，要么覆盖着大地的整个球面。因此，无论在什么地方看到岩层裸露的一个面，则情况不出以下二者之一：可以看到同一岩层的延续，或者能找到另一种固体物质。最后，斯丹诺还提出了第四个定律，即"穿切关系律"（the Principle of Cross-Cutting Relationships）：在任意一个特定的地层形成时，其上方的所有物质都是流体，且如今能看到的其上方的所有地层在当时均不存在。

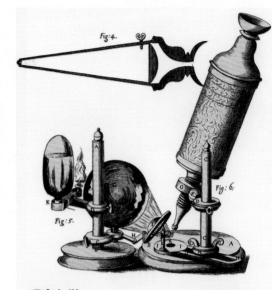

观察入微

罗伯特·胡克（Robert Hooke）是第一个使用显微镜观察化石的人，相关的发现于1665年被他写进了著作《显微术》（*Micrographia*）。显微镜（见上图）在当时是一种非常"年轻"的科学仪器，胡克利用这种设备发现，木化石和木材拥有相似的结构。他由此提出，如果用溶解有很多矿物质的水来浸泡有机物，则有机物会变成石头。

NICOLAVS STENONIVS

"舌石"的真相

    1666年，有人送给斯丹诺一条鲨鱼，供他解剖。斯丹诺在解剖时注意到，鲨鱼的牙齿和一种叫"舌石"（tongue stone）的三角形岩石（见左图）十分相似。斯丹诺指出，"舌石"其实就是已死的鲨鱼的牙齿，随着时间的推移，鲨鱼牙齿中原有的物质逐渐被矿物质取代。换句话说，化石是历史上各个时期生物形态的"快照"。

28 温度

在湿度、风向、风力和气压的读数都有了很好的解决方案之后，天气数据的收集还剩下另一个重要问题——温度。人类为了研制出可靠的温度计，走过了漫长的道路。

    为了定量地掌握空气的"冷热"，人们做过很多尝试，但都面对一个难点：如何批量制造出可以用相同的方法来校准的温度测量装置。也就是说，合格的温度计无论在何时、何地使用，都会给出一个可以检验的读数，而且这个读数必须是可以与其他地点或其他时间的温度读数相比较的。为此，人们定义了"温标"（temperature scale）——在一个较低的温度点和一个较高的温度点之间划分出若干彼此相等的刻度，这就是温度的度

测温器

    在近距离上细看，右侧这款测温器与17世纪早期德雷贝尔的"永动机"相差不大（参看本书第55页）。它把空气封闭在玻璃容器里，然后根据空气的膨胀和收缩来观察温度的上升和下降。这种测温器与温度计的不同之处在于，它的玻璃管内装的液体（通常是水）如果上升，表示的反而是温度的下降，因为气泡在变冷时收缩了；温度升高则会使空气膨胀，导致液位下降。部分测温器标有温度的级别或度数，但都不足以创建一个能在其他测温器上直接套用的温标体系。

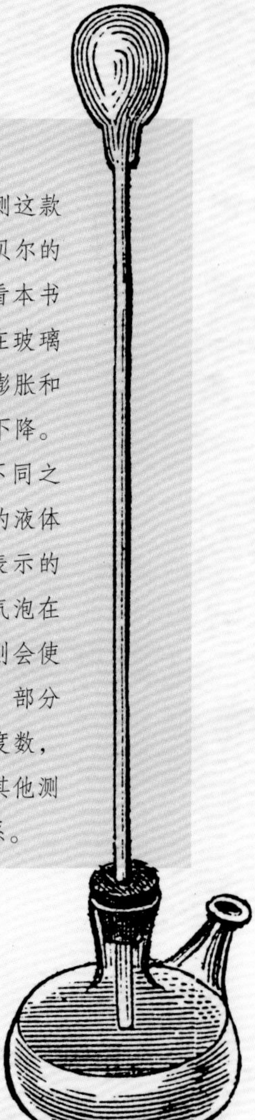

数。但是，使用"测温器"（thermoscope）进行的首次温度测量实验最终以失败告终：这种把染了色的酒精封进玻璃管而制成的仪器，虽能反映温度变化，但多部仪器之间的读数无法取得一致。因此，人们需要改进技术，并使用更加严格的校准方法。

病床项目

1702年，丹麦天文学家奥莱·罗默（Ole Rømer）的一条腿受伤，只能卧床休养。为了打发时间，罗默决定改进温度计，结果搞出了第一个符合前述技术要求的方案。罗默首先要找一根内部直径完全一致的玻璃管。为了验证这个直径的一致性，罗默把一滴水银滴入管中，观察水银在下滑过程中能否保持恒定的长度。找到这样的玻璃管后，罗默在管子的一端粘上了一个小玻璃球作为容器，然后在容器和试管里装上酒精，酒精则用藏红花染成了黄色。罗默设置温标的规则是：每当管中酒精顶端的上升幅度等于底部容器的宽度时，就记为上升10度。

罗默的具体技术方案如今已不得而知（在那个年代，温度计制造者们都对具体的技术保密，以确保只有自己才能制造并销售质量合格的仪器）。据推测，罗默在玻璃管上用两个标记标出了水的冰点和沸点，然后他把管子分成8段，前述的两个标记之间共分7段，第8段则位于冰点标记之下。罗默把顶端标记定义为"60度"（可称为"罗氏度"），这意味着水的冰点对应于他的"7.5度"，而他的"0度"代表的则是盐和水的混合物凝固时的温度。罗默后来还基于这种温标设计出了多种温度计，分别用于测量气温、水温、体温等。

时光流转到1708年，一位来自德国的年轻乐器制造商拜访了罗默。

这是丹尼尔·华伦海特（Daniel Fahrenheit）1736年手写的笔记（见上图），其中可以看到一个绘有水银玻璃泡的草图。

华氏温标

这个造访罗默的人，正是丹尼尔·华伦海特，当时他只有20多岁。罗默关于温标的想法启发了

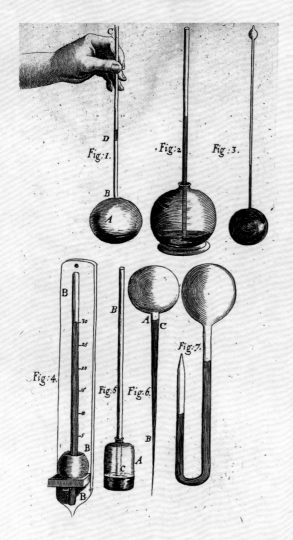

17世纪的爱尔兰科学家罗伯特·波义耳（Robert Boyle）是寒冷现象的早期研究者之一，他使用过多种温度测量工具（见上图），但没有哪种的结果经得起重复验证。

华伦海特，华伦海特坚持使用的温标体系也更好地经受了时间的考验。华伦海特在罗默的基础上，又花了16年去完善他对温标和温度计的构思。

比起研究天文的罗默，华伦海特有个关键的优势，那就是他掌握了玻璃吹制技术。这种本领让华伦海特在1714年制成了第一只可以实际应用的水银温度计。1724年，华伦海特翻新了罗默设定的温度级别，废止了缺乏实际用途的"半度"概念，并在温标中设定了三个经过校准的重要温度点。华伦海特把"0度"（第一个重要温度点）定义为冰、水和一种盐的混合物的温度（具体来说，这里的"盐"是氯化铵和海盐的混合物）。在华伦海特能稳定制取的各种物质中，这种"听着都觉得冷"的混合物是温度最低的。不过，为了防止冰融化得太快，华伦海特依然选择在寒冬时节开展这种低温工作。

第二个重要温度点是水的冰点，华伦海特将其定义为32度，这个数值大约是罗默温标里的4倍。第三个重要温度点则是人的口腔温度（该温度略低于人的正常体温），被华伦海特定义为96度。在这样的基础上，华伦海特推算出水的沸点为212度，这就是"华氏温标"。

华伦海特的温度计功能强大，但十分昂贵。他虽然竭力推销，但仍于1736年在贫困中去世。据猜测，他对自己的知识产权保护太严密了，以致客户都不了解这套技术的优势何在。但此后不到10年，科学界就开始把华氏温标作为规范。直到20世纪，华氏温标才被数值更规整的摄氏温标取代（美国是个例外，至今还坚持使用华氏温标）。

光速

温标只是奥莱·罗默的业余发明，他的历史地位已经通过他测量光速的工作而奠定了。1676年，罗默在巴黎天文台工作时（见右图）对木卫一产生了兴趣，那是伽利略在1609年发现的木星四大卫星之一。罗默把这颗卫星的轨道观测结果跟使用开普勒定律推算出的理论值做了比较，发现每当木卫一从木星背面经过而暂时被木星挡住时，理论计算都可以很准确地预测出它将在多长时间后重新出现。然而罗默也发现，这一进一出整体上总是比理论时间晚10分钟左右，由此他意识到来自木星和木卫一的光传播到地球并不是瞬间之事——光线从那里出发，进入他的望远镜并被他看到，是有一段延迟的。地球和木星沿着各自的轨道绕太阳公转，而在地球与木星的距离逐渐变长期间，这种延迟的幅度还会变得更大一些。罗默利用这种差异计算了光传播的速度，他当时的得数是220000千米/秒，比今天测量的实际光速慢了25%。当然，也有人在比他更早的时候试图使用灯具和其他辅助设备来测量光的速度，但罗默的光速测量是最早产生有实际意义的结果的。

29 风

在大探险的年代里，许多航海家之所以能成功地航行，是因为利用了那些可以穿越整个大洋的"盛行风"（prevailing winds），其风向可以在很长时间内保持不变。而在1735年，一位律师向所有人解释了风的现象为何服从这样的"律法"。

当时，欧洲那些野心爆棚的探险家们要想驶入大西洋并去往异邦的话，都必须借助那些从东北方向吹来的"信风"（trade wind）。（这里有一件趣事或许值得一提：trade这个词在现代英语里的各个义项多跟"商业"有关，比如"工艺""职业"等，

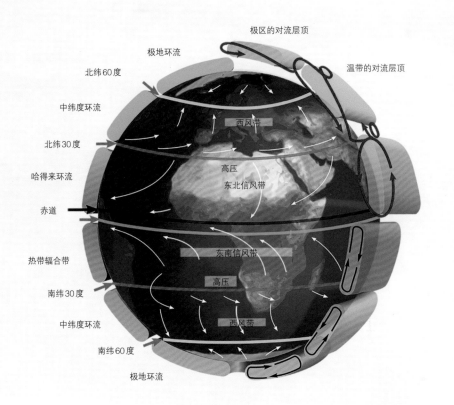

极区的对流层顶

极地环流

温带的对流层顶

北纬60度

中纬度环流

西风带

北纬30度

高压

哈得来环流

东北信风带

赤道

热带辐合带

东南信风带

南纬30度

高压

中纬度环流

西风带

南纬60度

极地环流

18世纪由乔治·哈得来（George Hadley）提出的空气"环流圈"（circulating cells）理论（见右图）至今仍被用于在全球层次上描述风的运动模式。

但这些意思都出现得比较晚，而其在大航海时期的主要意思之一正是"指路"。）从欧洲出发，顺着信风，航船可以达到加勒比海和南美洲。航海者想返回欧洲时，则要调转船头朝北，借助"西风带"（Westerlies）的力量。而要去其他地方，比如去印度的话，就要先朝西南航行，在跨过赤道、几乎要到达巴西时转头向东，改搭"西风带"的便车，绕过好望角，驶进印度洋。航海家们也都知道在热带的海洋（赤道附近宽约30纬度的区域）要特别小心，那里经常无风，导致船舶只能漫无目的地在海面上漂泊。这类海区通常叫作"副热带无风带"（horse latitudes）。至于其英文表达中为什么要提到"马"（horse），一般的解释是：当船不能行、淡水储备告急时，马就成了最先被抛弃的货物（当然还有其他一些解释）。

太阳加热理论

17世纪70年代，英国科学家埃德蒙·哈雷（Edmond Halley）去了一趟位于南大西洋的圣赫勒拿岛。哈雷在科学史上最著名的成就是准确预测了一颗大彗星将于何时重返地球附近，这颗彗星后来被命名为"哈雷彗星"。去往圣赫勒拿岛的旅程很漫长，哈雷在途中绘制了一幅世界信风带的详图，并就信风的生成机制提出了一种理论。他指出，来自太阳的热能是空气运动的不竭动力。概略地说，哈雷认为被太阳晒热的空气会上升到大气层的高处，并在那里扩散开来，由此产生了风。哈雷还猜测，信风由东往西吹，缘于太阳在天空中东升西落的运动。这个观点和中国古代对此问题的回答有点儿类似——王充（参看本书第28~29页）早在1600年前就对这种观点大为不满，而哈雷的这种理论自然也带有缺陷。

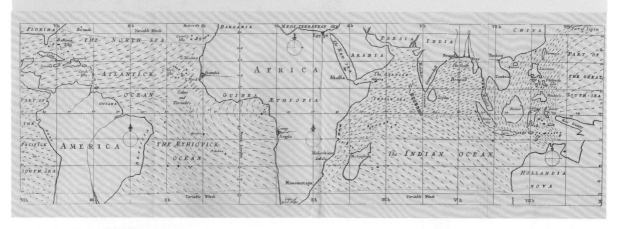

科里奥利效应

为什么风不直接从北向南吹，或者从南向北吹？为什么"盛行风"会有东西方向上的偏移？乔治·哈得来已经认识到这跟地球自西向东的旋转有关，但他无法将其机制彻底解释清楚。过了一个世纪，法国数学家古斯塔夫-加斯帕德·科里奥利（Gustave-Gaspard Coriolis）终于完成了这一步。科里奥利发现的这种出现于旋转球体表面的效应，被称为"科里奥利效应"：本应沿直线运动的风（或其他任何可移动物体）都会因球体的自转而画出一条弧线轨迹。在赤道以北，风有向右偏转的轨迹，所以从赤道北侧流向赤道的信风会朝着西南方向吹，而向北的风则会转向东（由此成为西风）；而在赤道南侧，风有向左偏转的轨迹。理论上说，这种效应也会让漩涡（比如浴盆里的水顺着排水孔流走时）在南半球和北半球以相反的方向旋转，北半球是顺时针方向，南半球则是逆时针方向。在两个半球之间旅行的人经常会查看是否真存在这种区别，但结果往往令他们大失所望——来自地球自转的这种影响实在太微弱了，哪怕水中有一丁点儿涟漪，比如一滴水溅起的水花，都足以破坏预期的效果。

循环的空气

有几位地球科学家解释过风为什么会出现这种模式，其中最著名的是埃德蒙·哈雷。50年后，一位业余气象学家乔治·哈得来（他的本职工作是律师）表示不接受哈雷的说法。哈得来觉得，在空气的巨大环流之中，信风应该属于最贴近地表的部分。哈得来指出，在赤道上，太阳的热量使空气变暖而上升，并向北扩散到离地面几千米的高度；而一旦到达回归线附近，空气就会冷却并下沉到地表，然后以风的形式吹回赤道，完成一个循环。这种空气循环如今称为"哈得来环流"。显然，赤道以南也有一个类似的哈得来环流。从北极上空看，这两个哈得来环流都有绕地球顺时针方向运动的趋势。

在两个哈得来环流的外侧，各有一个相邻的环流，但它们在地表形成的分别是朝着两极方向吹去的风，而其在纬线方向上的偏移则是由西向东的（这是由地球的自转方向决定的），因此形成了"西风带"。而在两极上空，还各存在一个环流，并具微弱的东风趋势（可想而知，这风特别冷）。

"快帆船"（clipper ship，见右图）代表着19世纪航海技术的巅峰。即使出现了由发动机驱动的钢制船只，当时前往印度或澳大利亚的长途航行最佳选择仍然是这些狭长的帆船，因为它们是刻意被设计用来从南半球强劲的西风带中借力的。

30 地球的形状

大地测量学（Geodesy）是一门负责测算地球大小和形状的科学。 在18世纪，这门学科逐渐向我们揭示：地球并不是一个完美的球体。

我们通常认为亚里士多德是大地测量学的奠基人，他认为大地之所以能凝聚成一个整体，是因为构成大地的物质都有向着中心汇聚的趋势，于是大地也必然是一个球体。这个初步的理论在17世纪由牛顿的万有引力理论做了充分的解释：地球本身和它表面的万物都为地球的中心所吸引。但是，这里仍隐含一个未能解答的问题：地球的自转会产生离心力，它定然会让地球膨胀，这种膨胀效应会发生在哪个方向上呢？与牛顿同时代的荷兰人克里斯蒂安·惠更斯（Christiaan Huygens）曾指出，地球像橘子一样，其两极是扁平的——用数学术语来说，地球是个"扁球体"（oblate spheroid）。牛顿万有引力理论所做的计算也支持这一观点。但是，法国人勒内·笛卡儿（Rene Descartes）的想法正好相反，他认为地球是"长球体"（prolate），两极会略凸出，更像一个柠檬。

测量任务

于巴黎天文台担任台长的雅克·卡西尼（Jacques Cassini）在进行一项测量任务后发现，在由南向北穿过法国的路上，对应于每个纬度的地面距离似乎越来越长。这表明地球的形状更接近笛卡儿的观点。地球的确切形状到底怎样是个至关重要的问题，这可不仅是科学上的追求，也牵扯地图上标出的经度、纬度和地点是不是能准确地代表实际情况。

摄氏温标

摄氏温标简单易记，所以已经在很大范围内取代了华氏温标。如今的摄氏温标规定水的冰点为0度，水的沸点则是100度。"摄氏"这个术语是指瑞典人安德斯·摄尔修斯（Anders Celsius），虽然他并不是第一个产生这种想法的人，但他曾在1742年前往寒冷的拉普兰地区参加过大地测量活动，几年后又发展出了属于自己的温标：他设计的温标最初的着眼点是"有多寒冷"，所以100度被设定为冰点，沸点则被设定为0度。不久，摄尔修斯英年早逝，以0度为冰点、100度为沸点的规定则是由著名生物学家卡尔·林奈（Carl Linnaeus）提出的。尽管如此，"摄氏温标"的称呼依然如故，林奈多次表示抗议也没有用处。

纬度

纬度表示地表的特定位置离赤道的北边或南边有多远。鉴于地球的表面是曲面，用"度"来表示这个距离是最方便的做法（注意：这里的"度"不再表示温度，而表示角度）。航海者们已经知道，可以通过观察天体的高度角来确定地理纬度。18世纪，测定天体高度角用的是六分仪（这种设备的普及，有约翰·哈得来的一部分功劳，他是乔治·哈得来的兄弟）。简单来说，我们可以用北极星的高度角来确定自己所处的纬度——此星之所以叫北极星，就是因为它几乎位于地球北极的正上方。若观察到北极星的高度角为90度，也就是在天顶的话，那你肯定置身北极；而若它的高度角为0度，也就是位于地平线上（处在天空可见区的边界），那么就说明观察者处于地理纬度的0度处，也就是赤道。如果是在白天，那么唯一看得见的天体就是太阳，它也是最大、最亮的天体。不过，根据太阳来推算纬度就不那么简单了。为此，早期的长途航海者们编制了年历表，给出了一年中每一天太阳高度角的变化情况。这种数据的准确性十分重要，如果天体高度角数据有几度的偏差，那么航行位置就会偏离数百千米。此外，地图绘制者和科学家们为地球表面建立的数学模型若要实用，就需要精确地掌握"1度"实际对应的距离，但如果地球是扁球或长球（见右图），则在纬度不同的地方，"1度"对应的实际长度也会有所不同。

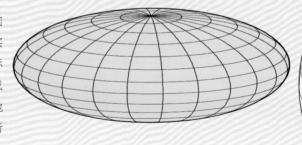
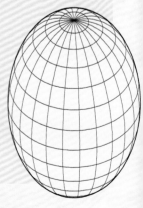

为了搞清楚地球的形状，科学家们不仅需要精确测量赤道的长度，还需要测出地球两极到赤道的距离。如果这两个方向上测出的地球周长相同，那就说明地球是个完美的球体。然而，大多数科学家怀疑这两个周长数值是不相等的。如果赤道更长，那地球就是扁球体；而如果纬度所代表的距离越接近两极就越长，那就说明地球是长球体。另外，通过这两个方向上的周长差异，还可以估计出地球的变形程度有多大。

为了回答这个基本问题，法国国王路易十五派出了两支考察队。第一支的任务是在赤道地区沿着子午线的地表测量一段弧长。这支队伍于1735年出发，前往基多（现在的厄瓜多尔，当时是西班牙的殖民地，"厄瓜多尔"的英文拼写Ecuador来自西班牙文Equator，意思正是"赤道"）。经过长达4年的工作，他们带着测量结果回到

1736年，测地任务的北方分队前往欧洲的北极地区，率先发现了地球的真实形状。

J. ANSSEAU.

1836年，为纪念法国地理测量队远赴厄瓜多尔考察100周年而重建的观测站（见下图），其式样与此前100年的那个观测站相同。

了法国。与此同时，另一支队伍开赴了斯堪的纳维亚的拉普兰（Lapland），这是最接近北极的陆地区域之一。安德斯·摄尔修斯也是这支队伍的一员，后来他定义的百分度温标也以他自己的名字为名（详见第68页）。这支队伍也像前往基多的队伍一样，在同一条经线上测量了两个纬度之间的距离，而这两个纬度的度数之差也和基多的队伍的相同。将两支队伍测得的实际距离一比，结果非常明显，惠更斯和牛顿的看法是正确的：我们生活在一颗扁圆的星球上，其赤道地区是微微隆起的，而两极地区是稍显扁平的。

31 地质图

1743年，一位英国的医生兼业余地球科学家为我们了解自己脚下的大地提供了一种新的方法：他绘制了一张地图，上面画的不是河流、道路和城镇，而是岩石的分层状况。

右图是史密斯那幅颇有影响的地质图的彩色版，出版于1815年。

地质图的首创者是克里斯托弗·帕克（Christopher Packe），他绘制的坎特伯里（Canterbury）地区地图在伦敦的皇家学会并没有引起什么反响，但毕竟低调地通过了评审并发表了（有可能是在他提交论文《论大地的表面：以对东肯特地区的全面描绘为样本》的时候）。诚然，早在古代就有关于矿藏分布和采矿地点的地图，但帕克的这幅图与之有重要的差别，因为他的想法是标画出岩层出露于地表的位置，以及新的地层的地表边界——先前的地层在这个边界处无处可寻，但它仍然存在，只不过穿入地面之下了。斯丹诺的地层学原理认为，岩层形成的时候大体都是水平的，而帕克开创的这种地图能够表明这些岩层在形成之后就开始倾斜和扭曲，它们与地表的位置关系变得很像木头被锯开之后的断面上的那种颗粒感。

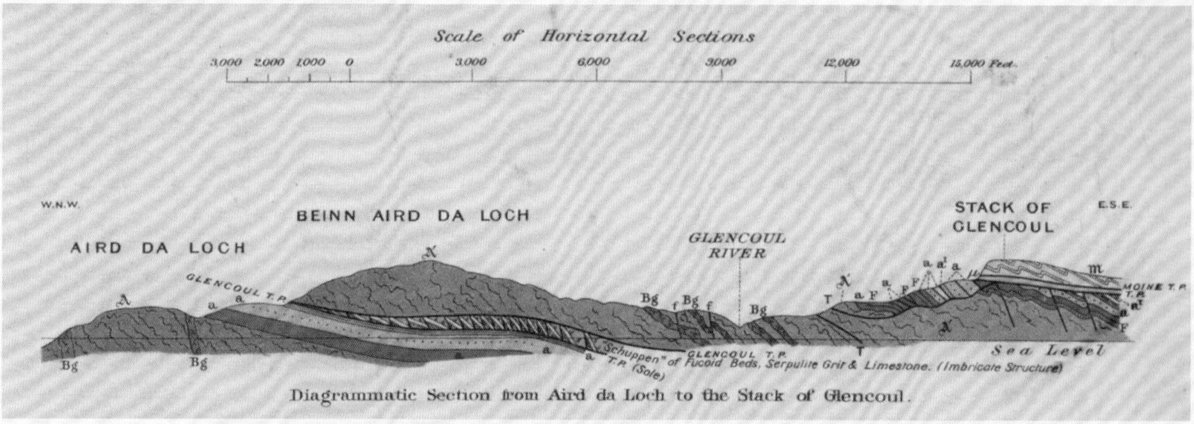

Diagrammatic Section from Aird da Loch to the Stack of Glencoul.

19世纪，地质图接纳了"剖面"这种新的画法，比如这幅图描绘的是苏格兰高地上的"格伦科尔冲断层"（Glencoul Thrust）的剖面。（见上图）

更加详细

其他地质学家也有与帕克类似的想法，并绘制了更为精准、详细的地质图。1746年，让-艾蒂安·格塔尔（Jean-Etienne Guettard）绘制了法国的矿物学地图，但他的成果不像帕克的地图那样含有岩层信息。到了18世纪末，英国的一位矿业工程师威廉·史密斯（William Smith）绘成了覆盖整个不列颠地区的地质图。据说，这幅地质图改变了世界，因为它那具有冲击力的画面刷新了人们看待自己脚下这颗星球的方式。

32 地震

人类早在古代就已经熟悉地震现象。 这种现象保有地球上最为巨大的破坏力，而且我们至今还在为准确预测它而不断努力探索。1755年，一次毁灭性的地震为我们研究这种现象提供了不少线索。

这次地震把葡萄牙的首都里斯本变成了一片废墟。它先是在这座城市的众多道路和广场上撕开了巨大的裂缝，以致幸存者们不得不为了避难而跑到了码头上；接

1755 年的里斯本遭受了地震、海啸和火灾的三重打击（见右图）。这次地震的震中位于海床上，米歇尔通过研究论证了这一点。

着，在大约 40 分钟后，海啸涌来，又把码头吞没了。而那些没有被水淹到的地区，也陷入了火海，因为震动导致许多蜡烛掉到了地上，点燃了建筑。里斯本和许多沿海的聚居点遭到重创，遇难者多达 10 万人，作为一个王国的葡萄牙也由此失去了自己在世界舞台上的原有地位，并且再未恢复。

成因和观测

1760 年，博学的英国人约翰·米歇尔（John Michell）向英国皇家学会提交了论文《关于地震现象的成因及其观测的设想》，该文也让他被这家著名的科学俱乐部选为会员。米歇尔的科学研究还涉及电磁学和天文学，如今我们

如今，地震学家专门负责研究地震，他们会监测那些穿过地层的地震波的方向和强度。（见右图）

认为他也是黑洞理论的早期支持者之一。

米歇尔的这篇论文以对1755年里斯本大地震的研究为基础，阐述了他对地震的基本理解，而这一理解至今都在沿用：每次地震都始于地下单一的位置，即"震源"。这个位置上的岩层突然产生了位移。这种位移既可能出现在岩层原有的断裂处，也可以在原本没有断裂的岩层中制造一处断裂（岩层中的这种不连续性后来被称为"断层"）。从震源垂直向上作一直线，则该线与地表的交点就是"震中"。在研究了1755年大地震的时间和地点之后，米歇尔猜想：大地的震动是以波的形式从震中位置传入周边岩层的，很像石子落进池塘后造成的涟漪。

33 冰为何漂浮

有了精确的温度计，就可以观察各种材料在温度上升或下降时的变化。 18世纪50年代，这种观察为我们揭示出水的一种十分特殊的性质。

18世纪50年代，苏格兰的化学家约瑟夫·布莱克（Joseph Black）发现：在环境温度越来越热的情况下，冰的温度会上升，但当它开始融化成水的时候，它的温度就不再上升了，只有当所有的冰都化完之后，水的温度才继续上升。布莱克把这种现象叫作"潜热"（latent heat）。这种现象说明的正是热量在冰的融化中起到的作用：冰化成水，需要打破一些化学键，而温度不上升，说明打破这些化学键的过程把热量消耗掉了。

海面上看到的冰山，其实有大半体积是泡在水下的。这种冰山是淡水冻成的，显然其密度要低于海水。如果是含盐的海水冻成冰，则称"海冰"（sea ice），往往呈现为海面上的一层冰。（见左图）

水冻成冰之后，装水的容器可能会破裂，这说明冻冰会让水的体积变大。而体积之所以增加，是因为水分子在变成固体时会重新排列。水在质量不变的情况下，变成冰，体积变大，密度就会降低，所以冰会浮在水面上。除了这个例子，我们不知道还有哪种自然生成的固体会漂浮在它的液体形态之上。水在大自然中冻成冰，并且漂在液态水的上面，这种现象的影响是深远的：水面的冰会把它下面的液态水隔绝开来，使之不再继续结冰，这就给冬季的水下生物提供了生存空间。此外，冰在阳光照射下会融化并破碎，假如它沉入海底，海床上就会出现厚重的冰层，迕而在基本层面上影响地球的地质和天气。

34 火成岩

处于熔融状态的玻璃给人们提供了一个思路，这个思路后来在人们理解岩石的形成过程时成了一个核心法则。

苏格兰的实业家詹姆斯·基尔（James Keir）生活在工业革命风潮席卷英伦的时期。工业革命的核心动力是当时新兴的科学，基尔也对这些学问抱有浓厚的兴趣。基尔还是"月球协会"（Lunar Society）的骨干之一，这个协会聚集了一批志趣相投的知识分子，成员

在右侧这幅1778年的版画中，熔岩遇到河水后形成了玄武岩质的岩柱。

美国加州优胜美地国家公园（Yosemite National Park）的一些宏伟景观就是巨大的花岗岩或玄武岩，比如"酋长岩"（El Capitan）。它们本来形成于地表之下，只是在周围相对较软的岩石被侵蚀掉之后才显露出来。（见下图）

包括伊拉斯谟·达尔文（Erasmus Darwin，查尔斯·达尔文的祖父）、瓦特（James Watt，蒸汽机工程师），以及当时还住在英国的富兰克林（Benjamin Franklin）。1776年，基尔在一篇公开发表的论文中提出假说，认为当今世界上的岩石是由古代的熔融岩浆形成的，其形成过程类似于熔融玻璃的冷却凝固。

如今，以这种方式形成的岩石被称为"火成岩"，意即"从火而来"。它们其实形成于岩浆的表层，比如玄武岩就是岩浆的表面接触水和空气后，快速降温形成的，因此含有许多小的晶体。岩浆只有在到达地表时才可以叫"熔岩"，而一些地下洞穴中同样可能充满岩浆，这些岩浆冷却的过程相对来说非常慢，其产物包括花岗岩。花岗岩的特点是其所含的晶体结构比玄武岩大得多。

35 地球的年龄

《圣经》里记载了许多关于亚伯拉罕家族的历史，有人根据这些历史推断说，地球是在公元前4004年被创造出来的。 1779年，法国的一位贵族想出了一个办法，以验证这到底是不是我们这颗星球的真正年龄。

布丰（见上图）是法国皇家植物园（Jardin du Roi）的园长。

这位贵族就是布丰（GeorgesLouis Leclerc, Comte de Buffon），他是当时一流的博物学家，曾帮忙彻底翻修了巴黎附近的皇家动物园与植物园。他曾收集和思考各种关于生物进化的学说，比查尔斯·达尔文早了一两代人的时间。对进化论的研究，让布丰开始关注地球和太阳系的起源问题。对于依靠《圣经》推断出来的地球年龄，布丰并不认可，他觉得地球是由太阳在受到彗星的一次撞击后抛射出的一些高温物质形成的。布丰认为，地球从诞生时起，就在不断散热，但内部至今依然残存不少的热量，证据之一就是火山的活动。布丰还认为，地球有磁场，说明这颗星球含有极多的铁。根据这些想法，布丰打算以金属的冷却速度来估算地球的年龄。布丰把一个小铁球加热到发出白光的程度，然后等其冷却，记下所需的时间，再使用牛顿发明的数学方法来推算像地球这么大的铁球完成类似的降温过程需要多少时间，从而得到自己的结论。布丰的答案是：地球诞生于75000年之前。在今天看来，布丰显然是错的，但是他的工作率先向人们暗示，地球的年龄远远大于此前所想。

布丰的实验灵感来自牛顿的一些成果，牛顿此前研究过铁和其他一些炽热物质的冷却过程。（见右图）

36 一种地质理论

现代地质学发端于一位苏格兰的农民兼工程师詹姆斯·赫顿（James Hutton）。1788年，赫顿在《地球理论》（*Theory of the Earth*）一书中发表了一篇综述，主题是关于岩石的形成方式。

赫顿曾在苏格兰低地的田野里工作并挖掘运河，当时他对地下物质做了认真的观察。到18世纪50年代末，赫顿开始研究岩石是怎么形成的，并给出了一种合理的假设：在地下深处有一种成分特殊的岩石，它

詹姆斯·赫顿（见上图）花了将近30年的时间去思考：他观察到的地下和地表的物质特征，究竟与岩石的形成过程有何关系。

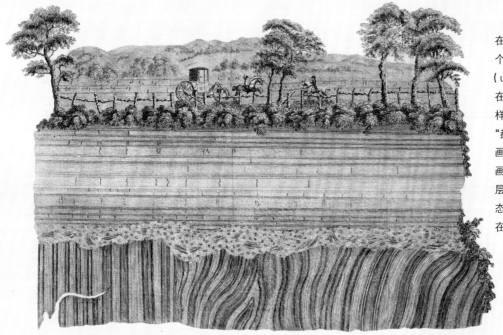

1787年，詹姆斯·赫顿在岩层（或地层）中发现了一个大裂缝，他称之为不整合面（unconformity）。后来，赫顿在苏格兰各地也陆续发现了同样的断裂现象——如今被称为"赫顿不整合现象"。左侧这幅画是在耶德堡（Jedburgh）画成的，展示了较古老的岩层是如何被推到近乎垂直的姿态，以及新的水平岩层是如何在地表附近形成的。

来自过去在地表形成的一层碎片。也就是说，这些古老岩石的成分和当今覆盖在地表上的一些东西是相同的，比如沙子、贝壳和黏土。赫顿的想法可谓重现了沈括对这个问题的猜测（当然，赫顿可能并不知道这位比他早几百年的中国思想家）。

均变论

赫顿的思路可以概括为"当前是解开过往之谜的钥匙"。1785年，赫顿把自己的观点概括为一种理论，他称之为"均变论"（Uniformitarianism），意思是：岩石的形成过程都是一样的，不论是在遥远的过去，还是在今天，这个过程都不曾改变。赫顿指出，岩层的形成始于掩埋：覆盖在地表上的一些碎片状物质（例如泥或沙子）被较新的地层掩埋，或者说，被形成于它上方的沉积物掩埋。经过足够久远的时间之后，一层层沉积物会被压实，直到它们紧密结合在一起成为石头。如今，我们把以这种方式形成的岩石称为沉积岩，它包括砂岩和石灰岩。

岩石循环

詹姆斯·赫顿的均变论，为现代的岩石循环理论奠定了基础。岩石循环理论描绘了岩石形成、转化和毁灭并周而复始的图景（见右图）。在这个循环中，除了火成岩和沉积岩，还包括在热量和压力作用下转变而成的变质岩（参见本书第195页）。

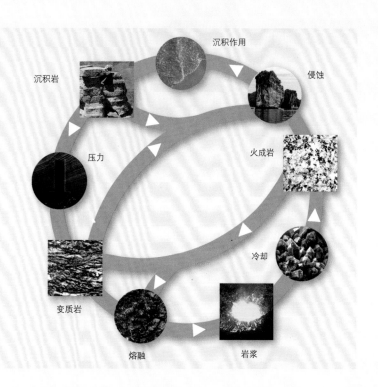

沉积作用

沉积岩

侵蚀

压力

火成岩

冷却

变质岩

熔融

岩浆

37 水成论

在詹姆斯·赫顿的地质理论引发关注的同时，还有另一种理论。 它由德国的亚伯拉罕·维尔纳（Abraham Gottlob Werner）提出，认为岩石都是在海底形成的。

赫顿的研究成果直到1795年才广为发表。在他的想法得到科学界的重视并广泛传播之前，关于岩石的起源有两个理论流派，二者是对立的。其中一方是火成论者（Plutonist），这个名字来自罗马神话里的"冥神"——他掌管着一个炽热的火山王国。火成论者认为，岩石形成于高温的火山活动，也就是说，它来自熔岩和岩浆的冷却。另一方是水成论者（Neptunist），可以戏称为"海神"的追随者，以维尔纳为代表人物。水成论者认为，溶解在海水中的化学物质会在海床上沉积为晶体，由此逐渐形成岩石——这个过程可以在实验室中观察到，也能以岩洞和瀑布这类地点出现的岩层为证，所以它完全可以在海底发生。这两种说法谁也说服不了谁，相关的争论一直持续到19世纪。最后，火成论的观点胜出，成为广义赫顿理论的一部分。

亚伯拉罕·维尔纳（见上图）提出，地球最初是一个"水球"，然后从中心的岩石核开始，逐步形成了岩石，并持续发展到如今的状态。

38 灭绝

化石是远古时代死去的动物的遗骸，这一观点在古代已被人们接受，但那时的人们同时认为，这些化石属于一些依然存活的物种。 1796年，乔治·居维叶（Georges Cuvier）证明，事实并非如此。

居维叶是脊椎动物领域的解剖学专家，他研究了一些看似犀牛和大象的动物骨骼化石。这些化石发现于巴黎附近的地下，是关于法国古代野生动物的非同寻常的证据。居维叶论证出：这些骨骼属于一些其他的物种，而且这些物种超出了依然生活在地球上各个地区的物种范围。这是关于物种可能灭绝的第一个证据。在居维叶看来，地球上的动物是在几个特定时期里产生的，每个时期都以一场"灾难"（当时他用的是"革命"这个词）而告终，是灾难导致了物种的灭绝。同时有人认为，这类证据说明生物能够以变化来逐渐适应环境，这就是进化。

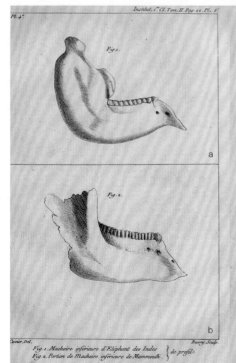
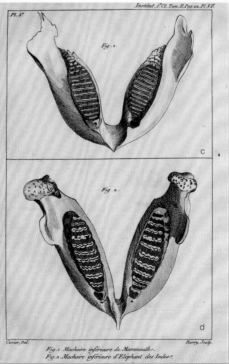

居维叶以绘图的形式，比较了两个物种的下颌解剖结构，即印度象（见左图a）与一种被称为"猛犸象"的已灭绝物种（见左图b）。

39 给云分类

卢克·霍华德（Luke Howard）的本职工作是药剂师，但他在其他一些领域也是狂热的业余爱好者。他最初对花粉感兴趣，后来把注意力转向了天空，把视野移到了云层里。

英国天气多变，霍华德作为英国人有很多机会看到各式各样的云。1802年，他发表了论文《论云的变化》（*On the Modifications of Clouds*）的第一版，随后又发表了几个修订版。

这篇论文较为全面地阐述了云在物理上的形成过程，包括蒸发、饱和、凝结等环节。霍华德在化学实验方面的工作受到了广泛认可，但他最有持久影响力的成果还是他提出的一套给云分类的方式。霍华德引入了至今仍在使用的一些术语（当然，其中有些词已被衍生，详情可参看本书第117页）。霍华德的分类系统将云分为三种主要类型：卷云（cirrus）、积云（cumulus）和层云（stratus）。卷云的外观薄、细，有丝状特点，它的名字来自拉丁文"一绺发丝"。霍华德指出，每当蓝天上产生云的时候，最初的形态都是卷云，这些云一般都在高空，所以看起来均处于静止状态。积云的名字在拉丁文里的意思是"堆"，这是一种蓬松的云，通常出现在低空，看上去是可以随风飘过天空的。至于层云，霍华德表示其密度介于上述两类云之间，其高度则是三类云中最低的，"层"这个字反映了它靠近地面、水平运动的特点。略显神秘的是，霍华德又称层云为"夜之云"。

《论云的变化》一文还讨论了两种类型的云合

云是什么？

云是由分散在空气中的许多微小的水滴组成的。每颗水滴都有一个固体的核，比如一粒悬浮在空气中的微尘或者冰粒，水蒸气会凝结在这个核的周围。当湿度增加时，或者温度下降时，凝结物会逐渐增多，水滴随之变大。最终，这些小水滴会因为太重而无法继续飘浮在空中，它们落下来的话，就是雨。云也是一种可称为"胶体"的混合物，其物质成分的分布是均匀的，但其中一种成分（水）的颗粒直径比另一种成分（空气分子）大得多，这种排列使光散射成均匀的白色。雨云之所以看起来是黑色或灰色的，就是因为来自它上方的阳光被它向上反射了，从而远离了人们的视线。

云聚集为雷暴

层积云上方的卷云

层云触及地面时形成雾

以上三幅图是霍华德《论云的变化》论文1849年修订版里的原图。

下面这幅风景画由画家爱德华·凯尼恩（Edward Kenyon）绘制，描绘了阴天的层积云。该作品的素材是霍华德提供给凯尼恩的素描。

并时的情形：卷云的高度降低时，可以形成卷积云（cirrocumulus）和卷层云（cirrostratus）。至于层积云（cumulostratus），霍华德说它看起来像蘑菇。若三种类型的云合并在一起，就是层卷积云（cumulocirrostratus），这个名字太复杂，不过它也有一种简单的叫法——雨云（nimbus）。霍华德写道，人们对雨云最感兴趣，因为它是唯一能产生降水的云。

40 风速和风暴

19世纪初，越洋旅行已不算是一种稀奇的活动。然而，当时这种旅行的风险还是很大的。1805年，一名水手发明了一种用来判断海况的系统，旨在帮助船员们决策是继续航行还是先保证安全。

爱尔兰的水手弗朗西斯·蒲福（Francis Beaufort）在该国的皇家海军任职，他在军衔稳步上升的同时，还专门从事一个新兴领域的研究，那就是"水文地理学"（hydrography）。1795年，亚历山大·达尔林普尔（Alexander Dalrymple）成为由英国政府任命的第一位官方水文地理学家，职责即是测量和掌握海洋的状况，包括海岸的形状、海床的深度等，然后综合这些信息，提升航海的安全水准。说回蒲福，他在19世纪初曾指挥一艘军舰，护送商船从印度返回不列颠。在这次航行期间，蒲福制订了一种关于风力的分级方案，他称之为"风级"，也就是现在所说的蒲福风级。诚然，现代航海者已经拥有了更为详细的气象信息，但蒲福风级体系一直沿用至今，特别是在谈论极端天气时，它会被用来表述风暴的能量水平，比如9级是"大风"（gale），12级是"飓风"（hurricane）。

蒲福（见右上图）因发明风级体系和他的测量技巧而声名卓著。他从航海指挥官的位置上退休后，又被任命为英国海军部门的航道测量师。

蒲福风级

蒲福风级体系把风的"能级"分为13种，依据是风的速度和它在自然环境中造成的现象，例如：0级表示根本没有风；3级表示一股微风，风速最高不超过19千米/小时，会在海面上吹起散乱的白色泡沫；7级的风速达到50～61千米/小时，

杯形风速计

蒲福风级主要根据风速和海洋状况来界定，但拥有一种准确的风速表也是必不可少的。1846年，爱尔兰发明家托马斯·罗宾逊（Thomas Robinson）设计了一种新款的风速表（见右图），它的外观以四个杯形结构为特点，还内置一部计数器以便算出这些风杯的转速。弯曲的风杯利用了空气动力原理，可以确保旋转平稳，从而提供准确的读数。

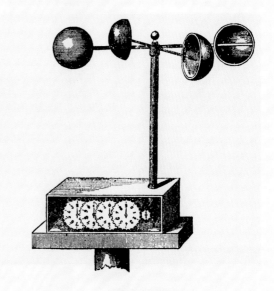

它会催生强大的力量并生成一道道波浪，也就是我们常说的"波涛汹涌"。如果在陆地上遇到7级风，行人是很难正常行走的，大多数人对此会觉得非常不适，但对经验丰富的水手来说，7级风的感觉应该还算"普通"。8级和9级的风可谓大风，风速可以达到88千米/小时。如果达到10级，就可以说是风暴了，风速可达102千米/小时，这种风在内陆地区少见，一旦发生，可以将树木连根拔起，在海上则会让海面布满白色浪花。如果海面完全变成白色，那就达到了蒲福风级的最高级，即12级的飓风，其风速高于118千米/小时。

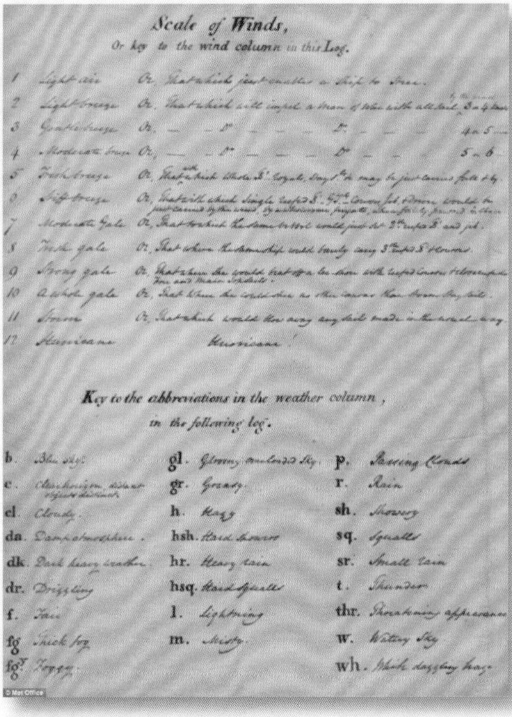

蒲福对自己的风级体系的一版早期描述。（见右图）

41 化石记录

乔治·居维叶在证明古代动植物体系与现在的明显不同之后，又与一位采矿工程师合作证实：化石可以向我们讲述地球的发展史。

18世纪末，居维叶提出了物种灭绝的概念。此后，他与矿物学家亚历山大·布隆尼亚特（Alexander Brongniart）搭档，开展了多年的工作，绘制了巴黎周围岩层中的化石分布图。布隆尼亚特在巴黎的矿业学校工作，对巴黎附近地下的岩石进行勘察本来就是他的岗位职责。这项测绘工作建立在当年尼古拉斯·斯丹诺的工作成果基础之上，添绘了每个地层中出现的各类化石。

威廉·史密斯（William Smith）是最早的一批地质图绘制者之一，他在1815年绘制的一幅地质图（见右图）中，详细记录了在不同地层中发现的不同化石。

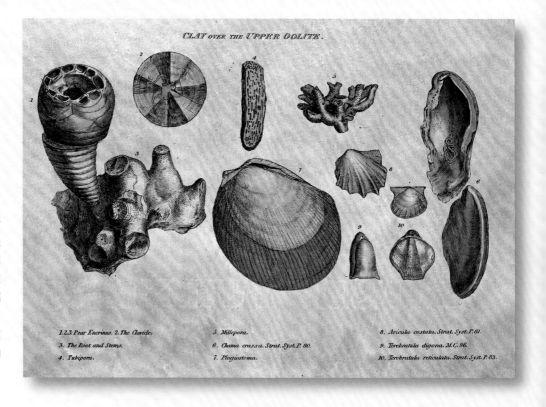

CLAY OVER THE UPPER OOLITE.

1.2.3. Pear Encrinus. 2. The Clavicle,
3. The Root and Stems,
4. Tubipora.

5. Millepora.
6. Chama crassa. Strat. Syst. P. 80.
7. Plagiostoma.

8. Aricula costata. Strat. Syst. P. 81.
9. Terebratula digona. M.C. 96.
10. Terebratula reticulata. Strat. Syst. P. 83.

生物地层学

布隆尼亚特与居维叶二人的早期研究成果在1808年就被整理好了，但最终的报告直到1811年才得以发布。布隆尼亚特和居维叶获得的这些化石记录表明，在遥远的过去，巴黎盆地这个区域既曾是海底，也曾是陆地，还曾是淡水动物栖息地，并且还曾在这几种状态之间周期性地变化。在居维叶看来，这印证了他关于地球上生命多次遭遇大灾难的理论。当然，这些成果同时也是生物地层学概念成立的证明——这个交叉领域尝试运用动物区系演替的原理（参见右侧文本框）来研究隐藏在岩层中的化石，以便确定岩层的形成时间，以及弄清岩层之间的关系。

动物区系演替

相信化石记录，建立在相信动物区系演替原理的基础上，也就是相信不同动物和植物遗留的化石会出现在不同的地层之中，而且较老的物种总是在更深的地层中，较新的物种则埋藏得较浅。按照这个原则，人类的骨骼不可能与恐龙化石出现在同一块岩石里。然而，地质力量有时也会把年轻的岩层挤弯甚或折叠，导致它们被更老的岩层压在下面。

在后续的研究中，巴黎周边地区还发现了一些"标志化石"（index fossil），也就是在某个特定年代的岩石中常见的生物化石。比如，在美国的一块岩石中发现了一种标志化石，而在中国的一块岩石中也发现了这种标志化石，那么这两块岩石的年代就是相近的。因此，化石记录可以帮助我们把世界各地的地质构造联系起来，由此揭示出地球在漫长的历史中发生过的一些古老事件。

42 气候学

亚历山大·冯·洪堡（Alexander von Humboldt）作为一位绅士探险家，是大部分领域的科学考察的先驱。在全球的层面上观察气候，是洪堡影响最为持久的贡献之一。

洪堡的全名是弗里德里希·威廉·海因里希·亚历山大·冯·洪堡，他来自普鲁士，这是一个讲德语的国家，领土曾从欧洲的北海开始，沿着波罗的海的岸边一直延伸到俄罗斯的边境。由于一些重大的历史事件，普鲁士这个名字如今已经在地图上被抹去了，但洪堡的名字依然时常出现在当今的地图上：在普鲁士的故地，有17处以"洪堡"命名的地理事物，比如海湾、瀑布、洞穴等，另外还有10多个城

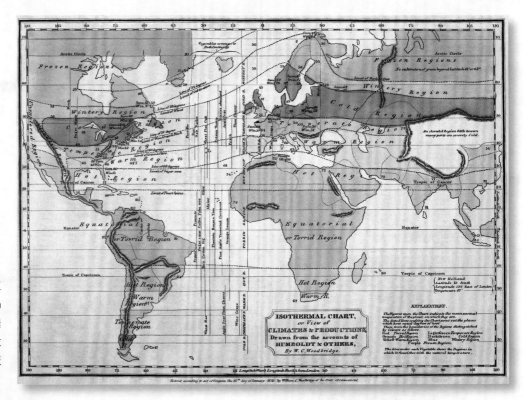

右图是威廉·伍德布里奇（William Woodbridge）根据洪堡提供的等温线数据绘制的一幅彩色版世界气候区域图。

上图是洪堡绘制的一幅植物分布图，描绘的是厄瓜多尔的钦博拉索（Chimborazo）火山的山坡。洪堡注意到，随着海拔的升高，极端天气更为多发，而山坡上生长的植物种类也随之发生变化。

出现在墨西哥的圣玛利亚雷格拉（Saint Maria Regla）的玄武岩柱（见右图）。洪堡于1803年旅行到这里时，在日记里对其做了记录。

镇、至少4所大学和几十所高中也叫"洪堡"，甚至一股沿着南美洲的太平洋海岸自南向北流动的洋流也叫"洪堡"。

这位19世纪的博学之人究竟做了什么，以至于配得上这种规模的纪念呢？首先是因为他在1799年至1804年间完成了他生涯中最主要的一次探险，也就是在美洲的探险。当时，那里的许多事物在欧洲的语言里还被命名。其次，洪堡还是地球科学中好几个分支领域的开拓者，比如生物地理学（biogeography）、气候学（climatology），以及地球磁场变化状况的监测。

给气候绘图

生物地理学的研究对象是动物、植物的分布与气候之间的关系。为了回答这个问题，洪堡运用他广阔的科学视野，试图将生物学、气候研究和地质学结合起来进行思考。洪堡用了多年的时间去分析自己在美洲探险时收集的信息，并将这些信息跟其他来源的数据结合起来，创建了一幅全球地图。

1817年，洪堡开创性地在全球地图上标绘了"等温线"——这是一种把平均温度相同的地点连接起来形成的线。全球等温线图显示，在环绕地球的许多相对整齐的带状区域中，拥有不同的平均气温。尽管早期版本的此类地图有些简单，但"气候区域"的概念由此创立。洪堡将赤道附近最温暖的地区称为热带，由热带出发逐

渐向北或向南，都依次有炎热、温暖、温和、凉爽、寒冷、冰冻的地带，这种趋势非常明显。自从地球上所有主要大陆都被发现并绘制成世界地图以来，洪堡的这幅全球等温线图是第一幅以气候为主要视角的世界地图，也被看作"气候学"的起点。气候学是一门试图了解全球气候模式如何变化的科学。

在 1810 年的这幅画作（见下图）中，洪堡正站在厄瓜多尔的钦博拉索火山脚下。地球在赤道区域本来就是隆起的，所以这座火山的山顶也是地球表面离地心最远的地方。

生物地理学

不同的野生动植物群落是如何与具体的气候区域相联系的？这是洪堡感兴趣的一个主要问题。如今，对这个问题的探讨已经提炼出了"生物群系"（biome）的概念，也就是一些由其所支持的生物种类所定义的气候带。这就要求我们除了考虑平均温度因素，还要考虑其他一些因素，例如降雨量和季节变化等。常见的生物群系有热带雨林，还有沙漠——两者大部分都出现在洪堡定义的热带地区，而在更冷、更干燥的地方，还有苔原、草原等生物群系。

回望往昔

　　一幅带有生物地理学区域信息的现代气候图，对我们研究隐藏在地下的化石记录来说，可以说是非常有价值的参考资料。不同种类化石的发现，可以显示这些生物的栖息地在地质上有过怎样的变化（就像居维叶在巴黎的发现那样），也可以告诉我们当地所属的气候区域发生过哪些改变。历史证明，这种想法后来激励了查尔斯·达尔文，他仿效洪堡那一代人，又进行了一次重要的科学考察，并由此开始研究物种之间的千差万别是缘何而起的。至于其他科学家，他们更感兴趣的问题是：是什么因素导致了气候区域的明显变化？是因为地球在整体上变暖、变冷、变湿或变干吗？还是因为目前炎热的赤道地区的陆地在非常遥远的过去曾处于地球表面的其他地方？所有这些都有待进一步的解释。

43 气象图

　　气象图通常出现在电视新闻节目里，播完之后也常被印在报纸上。对这种图，人们一眼就能认出来，但往往看过也就抛诸脑后。气象图的前身是19世纪20年代由德国科学家海因里希·布兰德斯（Heinrich Brandes）设计出的"天气摘要图"（synoptic map）。

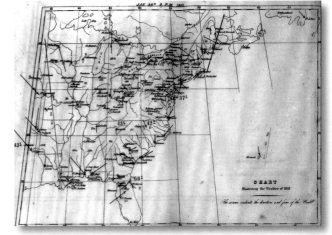

右图是美国最早的气象图，由詹姆斯·埃斯皮（James Espy）应美国陆军卫生部部长之需，于1843年绘制。它展示的是1843年1月30日的天气情况。

　　除了发明天气摘要图，布兰德斯还对气象学有一项贡献，关乎对天气现象整体的研究。具体来说，这项贡献证明了天气现象与流星无关。布兰德斯兴趣广泛，涉足多个领域，但在1800年从学校毕业后，他就成了一名天文学家。布兰德斯对流星的研究表明，流星出现于大气层的高层，所以无法对地球表面的天气现象产生实质影响。

尽管如此，从"流星"一词派生出来的"气象学"这个术语还是沿用了下来。（布兰德斯使用的"流星"是德文witterungskunde这个词，所以他或许并不太在意这件事。）布兰德斯对科学做出的这次重要贡献，是在第一次做出重要贡献之后的20年。如今，布兰德斯被推崇为"天气学"（synoptic meterology）之父。不过，除了专门的天气预报员，一般人很少听说过这个称号，更没听说过布兰德斯是谁。

天气大视野

"天气学"原词组中的synoptic一词有"一起看"的意思，所以"天气摘要图"是指这样一种图：它对最近某个特定时期的天气状况进行大范围的总结，或说摘要。这种图由布兰德斯在《对气象学的贡献》（*Beitrage zur Witterungskunde*）一书中率先提出。不过当时布兰德斯画的图是比较粗略的，缺乏细节，这主要是因为当时人类在大范围内观察和整理天气信息的能力还相当有限。现代天气摘要图已经可以覆盖约1000千米宽的地表范围，能展示该区域内各个地区的温度、风速、风向、气压信息，还可能包括其他信息，比如云层覆盖率等。作为大范围内的大气状况"快照"，这类图像可以用来预测常见的天气变化。

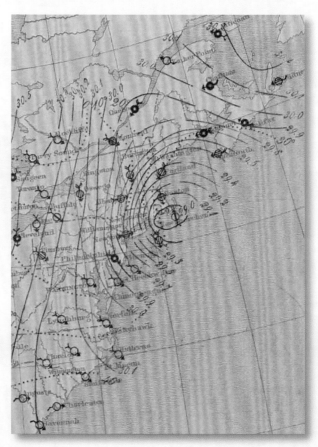

右图展示的是1888年3月12日晚10点美国东海岸地区的天气概况。图中的风暴系统导致了史称"1888年大暴雪"的事件，又称"白色大飓风"。

44 恐龙

1822年，在英国一处采石场进行的一次化石搜寻活动，带来了一个改变我们自然史观念的发现：在遥远的过去，自然界跟现在明显不同，在那个奇怪的时代，统治着动物界的是一种看起来像巨型蜥蜴的东西！

如今我们已经知道，这些远古的生物属于一大类爬行动物，是蜥蜴的前身。1842年，人们给这些怪物取了一个合适的名字"恐龙"（dinosaur）——这个词来自希腊语，意思就是"可怕的蜥蜴"。其实，在漫长的文明史中，许多人都见过恐龙的骨头或牙齿，但并不知道这些东西究竟是什么，比如古代中国人称其为"龙骨"。

说到化石记录中的动物，贝类是绝对的主角，因为其外壳富含矿物质，易于在沉积物中保存下来。事实上，大量贝类遗骸堆叠起来，足以组成整个白垩地层。但是，随着化石搜寻者们的工作方法越来越有条理，我们也发现：除了贝类，显然还有一些骨骼残骸属于大型爬行动物，它们曾经盛极一时，但现在已经殄灭无踪。比如1811年发掘出来的

早期对禽龙（iguanadon）骨骼的研究认为，这种动物用前腿获取食物，同时依靠后腿站立。但现在的学者认为，它在大部分的时间里其实都是用四足站立的。（见右图）

玛丽·安宁

玛丽·安宁（Mary Anning，见左图）在英国南部海岸的莱姆里吉斯（Lyme Regis）收集并出售化石，当地的悬崖里化石资源丰富。她也由此成了一名专家，专精于寻找已经灭绝的海生爬行动物，比如外形像鱼的"鱼龙"。她没有受过大学教育，又是女性，所以被排斥在了当时的官方学术界之外，但如今的科学界已经认识到她的发现和见解的重要性。

"鱼龙"（ichthyosaur）就属于人类最先认识到的此类动物之一（目前认为，"鱼龙"标志着进化路径上的一个分叉点，它后来分别演化出了恐龙和其他大型爬行动物）。

至于第一种被确认无疑的恐龙，是由英国的古生物学家吉迪恩·曼特尔（Gideon Mantell）在该国苏塞克斯郡的一个采石场发现的，那里有丰富的化石资源。曼特尔起先发现了这种动物的单颗牙齿，后来发现了它完整的骨骼。这种大型陆生动物的牙齿，跟现存的鬣蜥（iguana）牙齿很像，所以曼特尔称它为"禽龙"，意思就是"鬣蜥之牙"。自曼特尔的时代开始，恐龙的魅力就没有消退过。尽管它们的名字会让人联想到蜥蜴，但它们并不是蜥蜴，可以说与鳄鱼更为接近。

目前，人们从化石中辨认出的物种已经超过1000种，而且很可能还有更为多样的化石未被发现。根据推测，恐龙在大约6600万年之前就已经灭绝了，不过今天其实仍有大约1万种"恐龙"在繁衍生息——我们称它们为"鸟类"。

玛丽·安宁和威廉·巴克兰（William Buckland）合作研究了恐龙和其他已灭绝生物的"粪化石"（coprolite），也就是由粪便转化形成的石质物体。（见右图）

45 《地质学原理》

詹姆斯·赫顿关于沉积物如何形成地层的理论是开创性的，但当时无人问津。而改变这种局面的是19世纪30年代的一本畅销书。

这本书名叫《地质学原理》，作者是查尔斯·莱尔（Charles Lyell），他读了45年前赫顿的《地球理论》，吸收了赫顿的思想并予以扩展。《地质学原理》长达三卷，最后一卷1833年才出版。莱尔的研究方法遵循了均变论的原则，也就是说，通过在更大的范围内，即在全球的尺度上观察正在发生的地质进程，去理解古代的岩层形成过程。诚然，莱尔并没有提出什么特别核心的理论，而他的著作也写得太理论化，缺少基于证据的论述，从而受到一些批评，但他的这本书依然强烈地激发了大众的想象力。《地质学原理》的热心读者包括海军上尉、早期的天气预报者罗伯特·菲茨罗伊（Robert FitzRoy），还有他的一位名叫查尔斯·达尔文的朋友。

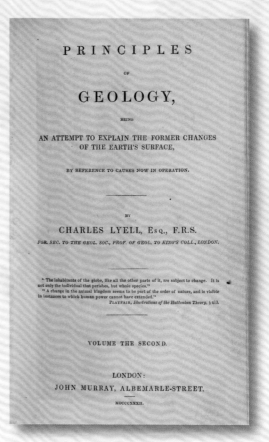

PRINCIPLES
OF
GEOLOGY,
BEING
AN ATTEMPT TO EXPLAIN THE FORMER CHANGES
OF THE EARTH'S SURFACE,
BY REFERENCE TO CAUSES NOW IN OPERATION.

BY
CHARLES LYELL, Esq., F.R.S.
FOR. SEC. TO THE GEOL. SOC., PROF. OF GEOL. TO KING'S COLL., LONDON.

" The inhabitants of the globe, like all the other parts of it, are subject to change. It is not only the individual that perishes, but whole species."
" A change in the animal kingdom seems to be part of the order of nature, and is visible in instances to which human power cannot have extended."
PLAYFAIR, Illustrations of the Huttonian Theory, §413.

VOLUME THE SECOND.

LONDON:
JOHN MURRAY, ALBEMARLE-STREET.
MDCCCXXXII.

在莱尔这本著作的扉页（见上图）上，其完整标题是《地质学原理：试以造成当前过程的原因为参考来解释地球表面从前的变化》。

46 冰期

凡是到过阿尔卑斯山脉的山谷，或者与之类似的雄峻山谷的人，经常会发问：为什么会有大量的巨石驻留在田野或城镇之间呢？它们是怎样来到这里的？对此的回答可以为我们揭开地球那漫长而隐秘历史中的又一个秘密。

当地的山民解释说，这些大石头是被当地的冰川运送过来的。所谓冰川，是指一股低温的从山峰上缓缓滑下的冰流。冰川的前端最终会融化，并把它夹带的各种各样的碎石留在当地。这种岩石沉积物被称为"冰碛"（moraine）。18世纪，欧洲有几位研究人员在阿尔卑斯山和一些更偏远的野外认识到，作为冰碛的岩石，其形成远远早于任何冰川将它们变成冰碛的年代。可以肯定，是冰川在遥远过去的某个时期，把这些早已形成的岩石带到了如今的地点。这是詹姆斯·赫顿等人给出的解释。

冰芯

冰川也叫极地冰盖（polar ice sheet），它是年复一年在地表形成的薄冰层，逐年累积起来，缓慢地变厚。这种层状结构的形成过程，跟树木的年轮有点儿相似。通过向冰川深处钻孔，就可以通过取出的冰芯看出冰层的分布，从而帮助我们判断冰川的年龄。19世纪40年代，路易斯·阿加西就做了这样的事，左图展示的就是他当时使用的工具。此后，钻取冰芯的技术逐步进化。这些冰芯不仅可以用来测定冰的年代，还可以当作一种"时间胶囊"，因为它还会为我们保存各个冰层形成时的空气和水中存在的各种化学物质——其中包括一些因火山爆发和其他灾难发生时留下的灰尘痕迹，还包括一些气泡，里面的空气样本可以显示过去的二氧化碳浓度。

全球深冻

1824年，丹麦-挪威籍的地质学家延斯·埃斯马克（Jens Esmark）提出，全球性的气候变化曾经带来了一个寒冷的时期，当时冰川面积大增，在大地上广为扩散。当时的科学同行们反复推敲了这一观点，并且偶然找出了关于古代冰川存在状况的进一步证据。19世纪30年代，德国植物学家卡尔·辛伯（Karl Schimper）为了研究苔藓，历时多日在山上考察，最后却把注意力转到了苔藓赖以存身的那些巨石上。辛伯认为，这些岩石

这幅1885年的地图（见上图）展示了"阿加西湖"的地理位置，这个庞大的古代冰川湖曾经占据当今加拿大的很大一部分。它的名字取自阿加西这位著名的冰期研究者。

是冰期存在的证据。辛伯把自己的想法告诉了瑞士籍的朋友路易斯·阿加西（Louis Agassiz），两人开始合作。1837年，辛伯发明了一个术语"冰期"（ice age），用来指代全球被深度冰封的时期。同年晚些时候，阿加西将二人的理论提交至瑞士博物学家协会，但遭到了反对，因为这种理论跟当时的主流观念是矛盾的——当时普遍认为地球最开始是炽热的，随着时间的推移逐渐冷却。阿加西开始以论证来捍卫新理论，并在1840年发表了《冰川研究》（*Studies on Glaciers*）一文。显然，这是关于冰川的研究，但文章没有提及辛伯，也没有提及任何对此理论有贡献的成果。此后，冰期理论一直处于争议之中，只有詹姆斯·克罗尔（James Croll）1875年出版的《气候与时间在地质学中的关联》（*Climate and Time, in Their Geological Relations*）一书完全接受这种理论。

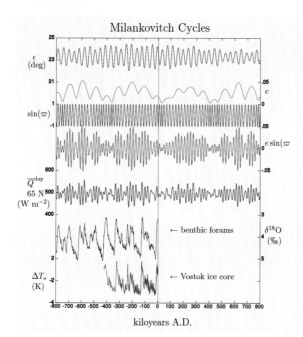

米兰科维奇循环

"米兰科维奇循环"（Milankovich cycles，见左图）的命名来自塞尔维亚的地球物理学家米卢蒂·米兰科维奇（Milutin Milanković），只不过拼写用的是他的姓氏的英文版本。米兰科维奇于20世纪20年代提出这一理论，指出地球公转轨道和自转姿态的缓慢变化周期会累积成气候的某些变化。在几千年的时间尺度上，这些因素会导致照到地球上的阳光总量发生周期性的变化。冰期和其他一些极端气候都可以看作这种效应的体现。

冰期的发现始于科学家们去欧洲高耸的群山中过暑假，并参观那里的冰川峡谷。（见右图）

47 锋面

当温度不同的空气大量相遇时，天气就会变化。这些气团的前缘称为"锋面"（front）——这个概念产生时已经接近现代，但它却有着古老得惊人的起源。

气象播报员经常用"锋面"这个术语来解释预报里提到的天气现象。这种思路从20世纪20年代开始就一直稳固地发展，其主要的原动力来自当时对恶劣天气的原理仅有初步认识的挪威气象学家群体。不过，关于"锋面"的核心想法早在1841年就由埃利亚斯·鲁米斯（Elias Loomis）提出，它可以表述为：像大雨或者冰雹这类不稳定的天气，源于温暖、潮湿的气团的边缘像一堵墙那样与寒冷、干燥的气团相遇。鲁米斯是个数学家，但也涉足其他很多领域。所以，当时的气象学家们面对

右图是苏联的一幅天气图，展示了俄罗斯西部和北欧上空的一个高压区。高压区通常与暖锋有关。

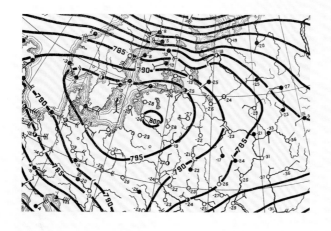

鲁米斯的这个特别的想法却没怎么给予重视，或许也就不足为奇吧。

移动的空气

锋面最活跃的是热带地区，以及赤道区域的北部和南部。在这些地方，冷空气的锋面（冷锋）由西向东运动，而暖空气的锋面（暖锋）则向南北两极运动。推动冷锋的气团，密度比推动暖锋的气团要高，因此冷锋的移动速度更快，会给所到之处带来短暂的阵雨天气。与之相比，暖锋更有可能带来雾天。

鲁米斯1880年的《一篇气象学论文》（A Treatise on Meteorology）针对一场海上龙卷风，阐述了他为这种现象划分的"生命周期"五阶段：水面黑点形成、水面呈螺旋状、喷雾环形成、可见的凝聚漏斗增长，以及最终的衰弱。（见右图）

48 地质年代的划分

岩层以及隐藏在其中的化石可以当作过去地质事件的记录，这个理念在18世纪中期得到了很好的确立。1841年，约翰·菲利普斯（John Phillips）将当时所有的这类记录集结在一起，写出了一部完整的地球史。

在菲利普斯引入当前使用的地质年代体系的雏形之前，划分漫长的地质岁月还有多种方案，其中一个方案包括"爬行动物时代"这种提法，它是由最早发现恐龙化石的曼特尔提出的。（见下图）

斯丹诺、居维叶和曼特尔（还有其他许多科学家）的研究工作，给我们带来了关于各个岩层的相对年龄的丰富信息。至于菲利普斯，他受威廉·史密斯的影响最大——从采矿工程师转型为地质学家的史密斯是菲利普斯的舅舅，菲利普斯跟着史密斯当了地质制图的学徒。后来，菲利普斯凭借自己的能力，开启了作为古生物学家和博物馆馆长的职业生涯。1840年，菲利普斯被派往英国开展地质调查时，对被称为"古生物"

约翰·菲利普斯（见上图）是由他的舅舅，即英国著名地质学家威廉·史密斯抚养长大的。

（paleozoic）的化石产生了兴趣，而paleozoic一词的意思就是"古老的生命"。第二年，菲利普斯发表了历史上第一张"地质年代表"，把特别古远的生命划分到"古生代"（Paleozoic，意为"古老生命"），而晚近一些的动物（比如已经变成化石的恐龙）大部分被定义到"爬行动物时代"，接着才是持续至今的"哺乳动物时代"。后来，菲利普斯又把"爬行动物时代"改称"中生代"（Mesozoic，意为"中间生命"），将"哺乳动物时代"改称"新生代"（Cenozoic，意为"新生命"）。

如今的地质年代体系

菲利普斯的地质年代划分虽然简单，但给如今的地质年代划分打下了基础（详细参看本书第196～197页）。菲利普斯提出的3个时期，现在变成了12个时期，它们全都是由化石记录定义的，其中7个时期所指的年代比菲利普斯的"古生代"更早，包括复杂生命尚未在地球上出现和进化之前的年代。

49 《矿物学手册》

1848年，美国地质学家詹姆斯·达纳（James Dwight Dana）出版了《矿物学手册》（*Manual of Mineralogy*），这是历史上第一个全面介绍各种天然矿物的手册。

右图是达纳的《矿物学手册》中的原始图表，描绘了矿物晶体的多种形状。

岩石，其实只是多种矿物的组合体而已。如果能搞清这些天然混合物的化学性质和物理性质，就可以推断它们是如何形成的。这里的困难之处在于，如何从一种矿物中甄别出另一种矿物。诚然，它是一种科学，但几

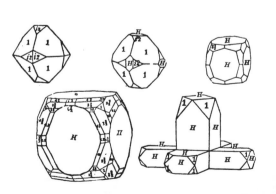

乎也可以说是一门艺术，特别是考虑到某些矿物仅仅呈现为岩石中的微小斑点。达纳在1848年的这一成果，标志着人类第一次进军这个复杂的领域。《矿物学手册》对每种矿物都根据几项特征来定义，这些特征包括颜色、硬度、晶体结构、化学成分等。当然，达纳的分类方法如今已经被"尼克尔–斯特伦茨体系"（Nickel–Strunz system，参看本书第148页）取代。

50 大陆架和大洋洋底

1807年，美国总统托马斯·杰斐逊设立"海岸测绘局"，负责给美国各地的海岸和海床状况绘图。到了19世纪40年代，该局的调查人员在研究墨西哥湾的海流路线时，有了一个影响深远的发现。

美国海岸测绘局使用一种名为"回声测深"（depth sounding）的技术来为海底地形绘图。按照传统做法，这种技术只要从船边扔下一根长而细的绳索，并在绳索末端放上铅锤，让铅锤一直下降到水底即可。如果用掉了约183厘米的绳子，那么水深就为1英寻（fathom，测量水深的单位，1英寻=182.88厘米）。一般来说，沿海水域的水深都不止1英寻，随着离海岸越来越远，水深可以达到150英寻左右。

一幅像样的海图可以帮助船只在近岸的水域安全航行，因为它可以显示哪里有水深足够的航道，防止船只搁浅。不过，在远离海岸处，测深工作就很少触及海底了——毕竟公海是非常深的。即使是今天，测绘人员用上了雷达和基于声呐的探测设备，对于任何较小的深海地貌，也还是基本停留在一无所知的状态——这里说的"较小"，意思是长度或宽度小于5千米。1849年的美国海岸测绘局只有机械测深仪（见下页文本框）来提高测绘精度，不过，这种技术水平已足够他们弄清楚美国东海岸的海床是什么形状——它拥有一个相对平坦的区域，也就是"大陆架"（continental shelf），其外侧则是向下的陡坡，深度已非探测设备所能触及，这就是

海底并不是一马平川的，它也拥有自己的山脉、火山和峡谷，跟陆地上差不多。(见右图)

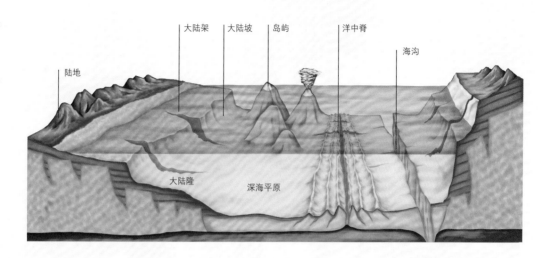

陆地　大陆架　大陆坡　岛屿　洋中脊　海沟

大陆隆　深海平原

"大陆坡"（continental slope）。当然，对未知的海底世界来说，这个发现仅仅是人类对它实施地形测绘的序幕。

陆缘

靠近海岸的海床，虽然被海水淹没，但仍然属于厚实的陆地板块的边缘。不难想见，深海底部的固体壳层要薄一些，毕竟大洋中的海盆上方还有巨量的海水占据空间。在浅海底部和深海底部的这两种地面之间，占据分界线位置且起到连接作

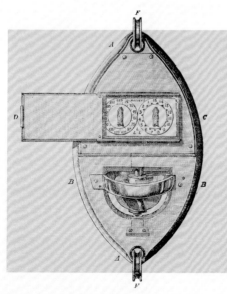

回声测深机

随着海上航运规模的不断增加，人们发明了好几种机械式的测深仪器，以便服务于航海业务。其中最成功的款式是来自英格兰的钟表师爱德华·梅西（Edward Massey）于1802年发明的。这款仪器可以和铅锤一起安装在绳索上，并在铅锤的重量作用下沉入水中；与此同时，水可以通过一个小型转子流进仪器内部，从而推动表盘转动，计量下沉的深度。当仪器触及海底时，计数器就会停止转动，然后即可被拉出海面，读取数值。(见左图)

海底峡谷

1857年，对加利福尼亚州海岸的回声测深工作，历史上首次发现了海底峡谷——这就是如今的"蒙特雷峡谷"（Monterey Canyon）。左图展示的是位于斯里兰卡的亭可马里峡谷（Trincomalee Canyon），它也是一处水下峡谷，也有着穿过大陆坡并逐渐朝着大陆隆开放的常见形状。这些水下的地貌特征在尺度上完全不输给陆地上的同类特征。

用的，就是大陆坡。从海岸算起，大陆架可以延伸320千米之多，其最外缘就是"架坡折"（shelf break）。假如把海水抽干，这一边缘将成为地球表面最"锋利"的边棱。

大陆坡会向下延伸到至少2000米深处，一直到"大陆隆"（continental rise）开始的地方。大陆隆是一个比较平缓的斜坡，通向"深渊平原"（abyssal plain），也就是大约6000米深处的平坦海床——若说地球的固体表面上还有比这里更深的地方，那就只有"海沟"（trench）了。大陆隆的形成原因，主要是数百万年来有不少沉积物被从比这里高很多的大陆架上冲刷下来了。同时，一些灾难性的大地震也可能对海底造成破坏，崩塌的岩石也会成为大陆隆的一部分。

51 洋流

19世纪中期，美国的一位导航专家致力于研究如何收集关于海风和海上其他天气的数据。他在琢磨怎样才能把这些数据的收集工作标准化时，突然想出了一个计划，可以让我们更加精确地绘制洋流图。而这个计划所需要的，只是在海上航行的每艘船的配合。

对远洋航海来说，如果能准确地掌握各个海区的风力、风向，以及其他各个天气参数的平均状况，无疑是极有价值的。当时，在美国海军海图和仪器库担任总管的马修·莫里（Matthew Fontaine Maury）深刻地意识到，他们能获得的此类信息都相当不可靠。1853年，莫里作为参加过美国第一次正式环球航行的人，发起了"国际海事大会"（International Maritime Conference）。该大会的第一届会议在比利时的布鲁塞尔举行，与会者们确立了在船上开展天气测量工作的国际标准。而比这个成果更为关键的是，大家还同意建设一个共享所有此类数据的海事天气系统。

抢先一步

由莫里发起的此项议程，是人类采集全球天气信息数据的第一步。今天我们之所以能谈论、研究全球气候变化，离不开这个从19世纪50年代就建立并持续记录至今的数据库为我们提供的气温和海水温度信息。其实，

19世纪60年代，美国海军的一艘运兵船在一场风暴之后失踪。马修·莫里（见上图）根据当时对洋流的认识，推断出了幸存者的漂流路线，以引导救援人员前往施救。结果证明，莫里的预测是完美的，他对洋流的认识经受住了实践的检验。

约翰·扎恩（Johann Zahn）于1696年绘制的世界地图中也含有洋流，算是这个领域的一次早期尝试。（见右图）

莫里在1853年发起的布鲁塞尔会议，如今已经发展成世界气象组织（WMO），它作为联合国机构的一部分，把总部设在了瑞士的日内瓦。

莫里在这之前就已经为这项工作奠基了：1839年，他因为腿部受伤，被迫中断了本来大有前途的航海生涯，于是开始尽可能地收集有关海况的信息，希望绘制出更精确的航海图以供其他航海人员使用。莫里的航海图包含一项重要的细节，即洋流的性质。莫里本人作为虔诚的基督教徒，将其视为《圣经·诗篇》中的"海洋之路"。

为此，莫里研究了以往船只的航海日志，从超过100万份数据中提取出有用的信息，绘制了一幅详图，描绘出了每年不同时节的洋流方向及其速度，以及沿着洋流航行时会受到的风的影响。莫里甚至研究了鲸鱼的活动路线，希望在鲸鱼的"指导"下找到一条能穿越北冰洋的无冰航道，但鲸鱼没有帮他这个忙。1851年，莫里将他的发现发表为《航海指南，以及海洋的物理地理学与气象学》（*Sailing Directions and Physical Geography of the Seas and Its Meteorology*）。美国的任何海船只要同意每天记录天气信息，并愿意在指定的海域投放装有配重的瓶子（所谓的"漂流瓶"），就可以免费获赠这一文献。这些漂流瓶的配重是专门设计过的，会确保它们在水面下方悬浮，同时不会因露出水面而受到风的影响。如果其他船只或沿岸的人发现了任何这种瓶子，都可以送还给莫里，莫里会根据这些瓶子的投放地点和发现地点来完善自己的洋流图。

下面这幅图显示的是世界上主要的洋流。红色箭头表示暖流，一般来自热带地区；蓝色箭头表示来自两极地区的寒流。

52 人类的近亲

已经出土的已灭绝古代动物化石千奇百怪，古生物学家们偶尔也会从这些遗骸中辨认出古代的人类。而1856年的解剖分析显示，这些骨头可不那么简单。

1829年，比利时的英吉斯（Engis）洞穴内发现了一块属于古人类头骨的化石，但它并不完整。后来到了1848年，直布罗陀的一处采石场挖出了一具完整的头骨，人们认为这个头骨属于一个像你我一样的人类个体，只不过他是生活在几千年前的"智人"。然而，接下来的一次此类发现显示了一些特别的东西：这次发现的时间为1856年，地点是德国西部莱茵兰地区的尼安德河谷（Neander Valley，又称"尼安德特"）的一个洞穴里。这次发现的骨骼属于人的全身骨架的一部分，其中包括一个头盖骨、两块大腿骨、三块右臂骨、两块左臂骨，以及属于骨盆、锁骨和肋骨的一些碎片。博物学家约翰·卡尔·富尔洛特（Johann Carl Fuhlrott）和解剖学家赫尔曼·沙夫豪森（Hermann Schaaffhausen）证明这些骨头属于一个和人类有亲缘关系，但又有所区别的物种。后来到1864年，这种已经灭绝的人类近亲最终被定名为"尼安德特人"。而此前在英吉斯和直布罗陀发现的化石，最后也被证实属于尼安德特人。这个物种在欧洲一直生活到距今约37000年之前——这说明它曾在某个阶段与现代人的祖先共享这片土地。如今，我们已经确认了多达12个已灭绝的人属物种，它们都曾活生生地存在，栖息地包括非洲、欧洲、亚洲，以及印度洋和太平洋上的众多岛屿。

古人类化石经常在洞穴中被发现，它们藏在那里，成千上万年以来都没有遭到破坏。这一现象引出了"穴居人"的概念，但其实我们的祖先可能并不常住在洞穴里，洞穴只不过是个更有可能找到遗骸的地方罢了。（见右图）

53 天气预报

在普通人看来，对明天天气的预报，只是在帮我们决定是否要去海滩，或者是否要带件雨衣出门。但是在以前，天气预报可能是一件生死攸关的大事。

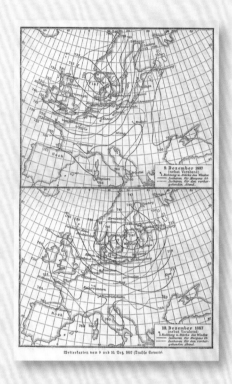

率先对天气使用"预报"这个术语的，是英国的海军上校罗伯特·菲茨罗伊（Robert FitzRoy），他是蒲福的学生。蒲福建立的风级体系从19世纪初开始，就对海上的航船判断当下和当地的海况十分有用，但无法预测接下来的情况变化。1854年，菲茨罗伊从海军司令部退休后，开始为英国政府筹建气象办公室，该机构

上图是19世纪80年代的一幅北欧地区的天气图。图中有很多条"等压线"，它们是把气压相等的地点连起来而形成的。这种图像可以把天气的逐日变化情况呈现出来，用于预测接下来的天气。

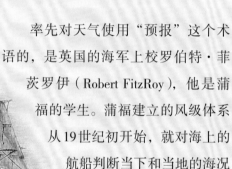

"小猎犬号"的航行

罗伯特·菲茨罗伊在成为天气预报的先驱之前，还指挥过一艘小型单桅帆船"小猎犬号"。该船当时作为海军调查船之用，在其从1831年到1836年的第二次出航中，菲茨罗伊经过了合恩角，以及新西兰和澳大利亚，完成了环球航行。这次出航，菲茨罗伊还带上了一位并非军人的同伴，这就是查尔斯·达尔文。达尔文利用这次航行深入对比了世界上不同地方的动物，这一工作最终催生了他著名的理论——进化论。

的职责是向英国的航运业收集标准化的气象数据，并在海图上标绘气候信息。

机会来临

1854年的晚些时候，一场大风暴袭击了黑海。当时法国和英国正在跟俄国打仗，也就是克里米亚战争，而这场风暴让许多给英、法军队运送过冬补给的船只失去了踪影。法国天文学家奥本·勒维耶（Urbain Le Verrier）通过分析事后整理的天气数据指出，这次风暴由西向东穿越欧洲，其路径是明晰的。所以假如这些数据能在数小时之内（而不是像实际上那样用了好几个星期）被合成一幅天气图，那么这些补给舰船其实是能得救的。以此事为契机，当时新出现的电报网络开始投入相关工作，负责把天气观测数据传送到一批新建的气象台。菲茨罗伊创建的"气象局"（Met Office）成了世界上最早的天气预报发布者，同时也是坚持时间最久的。从1861年开始，该机构开始以电报为媒介发布气象预警，并在伦敦的《泰晤士报》上发布每日天气预报（至今依然如此）。

54 探索高空

鉴于天气是一种大气现象，要深入理解天气，就应该仔细观察各种高度的天气情况。两名早期的高空探索者就这么做了，他们差点儿没能活着回家。

考克斯韦尔和格莱舍的热气球之旅差一点就以灾难收场，因为他俩飞得太高，稀薄的空气几乎无法维持他们的生命。（见右图）

1862年，"英国科学进步协会"宣布要对"空气之海"展开一次探险。亨利·考克斯韦尔（Henry Coxwell）成了英国的首位"高空飞行员"，他的任务是驾驶一只专门为

首次飞行

法国的蒙特哥菲尔（Montgolfier）兄弟制造了第一只能够搭载乘员的气球。1783年，第一批"飞行员"乘坐了这只以丝绸和纸为主要原料的飞行器，但这些"飞行员"都不是人类：它们是一只绵羊、一只鸭子和一只公鸡。这三种动物并不是随意挑选的，而是各有其适合这次试飞的性质：鸭子不会受到高度的影响；公鸡属于鸟类但不能高飞；羊则是充当人类的替身。飞行持续了8分钟，这三种动物都安然无恙。

飞向高空而设计的巨型氢气球（体积达2600立方米），飞到此前任何人都未曾到达的高度。跟他一起飞行的是科学家詹姆斯·格莱舍（James Glaisher），负责使用气压计来测量气压随着高度增加的下降情况，并相应地记录气温在这个过程中的下降情况。

他俩还携带了6只信鸽，计划在气球升高的过程中将它们逐一放飞。这只巨大的气球迅速上升，两人用了不到12分钟就来到了云层的上方。此时一切顺利，他俩惊讶地欣赏着下方那难以置信的云海波涛——这种景象对如今坐过飞机的人来说十分熟悉，但在那个时代几乎没人见过。当气球升到海拔约4830米处，格莱舍放飞了第一只鸽子；而在约6440米高度上放飞的那只鸽子就只能挣扎着勉强起飞；在约8000米处放的那只鸽子则直接坠向地面。也正是在这个高度上，格莱舍出现了"气球病"的症状，并且警告考克斯韦尔时刻可能失去知觉。而相对年轻一些的考克斯韦尔受到的影响并没那么大，不过他的双手此时也已完全失去了知觉。最后，考克斯韦尔依靠牙齿成功地打开了安全阀，把气球里的氢气释放了，于是气球在大约20分钟之后回到了地面，两人也逐渐恢复了活力。后来的分析显示，这两人到达的最高高度约11300米，明显高过了珠穆朗玛峰，已经接近当代喷气式客机巡航的高度。在这种高度，气压只有海平面处的1/5，氧气也少到无法维持身体运转，由于稀薄的空气几乎无法储存热量，最高气温只有零下40摄氏度。

55 飓风

美国国家气象局自1870年成立开始就十分繁忙。 1873年，它发布了第一则飓风警报。此后，它不但发布了难以计数的飓风警报，而且一直在对这些巨大风暴的研究中处于领军地位。

美国气象局是在总统尤利西斯·格兰特的命令下成立的，格兰特对该机构的任务描述为"负责气象观测事务，为美军设置在各州和各块相关土地上的国内外军事基地提供服务……以磁力电报机或海事信号的形式给北方各大湖区和沿海地区提供风暴行进路线预警"。其具体的组建工作由当时的美国国防部长主持，用意在于以军队的纪律来确保气象情报的准确性。后来这个机构经历了许多变化，现在已经更名为美国国家气象服务中心，隶属于美国国家海洋和大气管理局，详情可参看本书第166~167页。

该机构最初的首席气象学家是克利夫兰·阿贝（Cleveland Abbe），当时他已经开始使用西联电报公司和辛辛那提商会提供的数据进行天气预报了。阿贝坚持游说这些组织的领导们向他提供对研究天气现象有价值的信息，以便他开发预测天气的方法。

在19世纪70年代，远洋船只的装备水平还是很有限的，根本不是飓风的对手。（见下图）

藤原效应

当两个风暴系统之间距离足够近时，它们将绕着相连的轴线绕成环状，并且相互绕转，随后改变行进方向，最终合二为一。1921年，日本的藤原咲平（Fujiwhara Sakuhei）率先描述了这种效应，后来这种效应以他的姓氏命名。这种效应可能制造出破坏力更为巨大的风暴系统，好在它并不常见，平均好几年才出现一次。

风暴季

1873年6月，美国

气象局发现一个风暴系统正在横穿加勒比海。这还不算什么，到了8月，出现了一场大型飓风，它沿着美国的东海岸向北移动，最终在加拿大的纽芬兰附近消失。9月份又出现了两场飓风，袭击了佛罗里达州。

当时世界上研究飓风的权威是古巴的牧师贝尼托·比涅斯（Benito Viñes），他在哈瓦那运营着一座气象台。1877年，比涅斯公布了一种利用波浪和云的运动来预测飓风的方法。可惜，这并没有起到什么作用：在美国，后来的1893年大风暴袭击了东海岸地区，导致那年成为到那时为止美国死亡人数最多的一年。对这次灾害，美国气象局于1898年做出回应：他们在牙买加的金斯敦建立了飓风预警中心，不久又将其搬到了更常发生飓风的哈瓦那。但到了1900年，又一场飓风来临，重创了得克萨斯州的加尔维斯顿，至少8000人遇难。

大西洋上的飓风虽然在海面上游走甚远，但其实起源于撒哈拉沙漠中的天气系统。从它们以"热带低气压"的形式出现时起，气象观察员们就会监测它们朝西移动的过程。这些风暴系统中的一部分最终会发展成风速高达120千米/小时的风暴。如果速度继续增加，超过这个水平，风暴就变成了飓风。最强的风暴是"5级飓风"，其风速超过250千米/小时。（见右图）

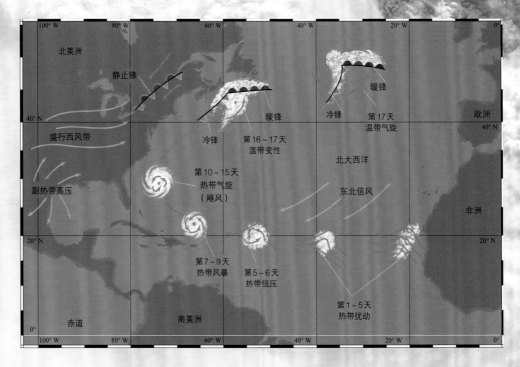

飓风到底是什么?

　　虽然进展不快,但人类还是逐渐对大型风暴有了更深入的认识。日本的研究者藤原咲平以大西洋在热带地区的更加宏观的气象状况为背景,论述了飓风现象是如何与之相协调的。1922年,爱德华·鲍伊(Edward Bowie)发现,飓风通常具有反气旋性。也就是说,飓风的自转方向与地球自转相反,就北半球而言是逆时针方向。然而,这些局部的进展对预警中心发布相关消息并没什么帮助,那种可造成数百人遇难级别的飓风灾害依然频频光临沿海地区。

　　到20世纪40年代末,这场以飓风为研究对象的"拼图游戏"终于找到了一些大的"碎片"。这主要归功于一批飞行员驾驶飞机钻进了飓风,绘制了其内部的风速和压力变化图,并描绘出神秘的"风暴眼"——风暴中心一个平静的区域。1948年,芬兰气象学家埃里克·帕尔门(Erik Palmen)指出,水上形成飓风,需要表层水温至少达到26摄氏度,水深至少50米。在温暖的海洋上方,空气会在热量的作用下翻滚。上升的空气会比

气象卫星

　　要理解飓风系统到底有多么巨大,并非一件易事。想捕捉它的全貌,就离不开太空技术的发展。第一颗气象卫星"先锋2号"于1959年发射升空,它利用一部原始的数码相机来拍照,以呈现各个地区的云层覆盖率,但照片很模糊,用处也不大。不过,美国的地球科学家还是坚持使用这类系统。后来,"地球同步环境卫星"(GOES)从20世纪70年代末开始提供地球的气象全景图(其中当然也包括飓风)。

GOES-1 DPT 298 1645Z 25 OCT. 75

平常冷却得更快,这会让其中的水蒸气凝结成厚厚的云。凝结过程的潜在热量增加了系统的总能量,从而把越来越多的空气和水从海面附近拉到空中。这些向上流动的空气会在中心形成一个眼状结构,而较冷的空气从高处落下则进一步降低了整个系统中心的气压,把空气中的水分进一步吸收进来,导致整个系统越变越大。这一过程会持续进行,直到风暴碰到陆地,或者移进了一个温度较低的海域才会被削弱。

飓风系统里最强的风力会出现在风眼的周围。风眼位于风暴的中心,是被巨大的圆形云带围绕着的一个晴朗的区域,内部只有微风和晴空。(见第112~113页背景图)

56 "挑战者号"的探险

你能猜出"海洋学"（oceanography）是研究什么的吗？这个问题并不难， 或许是因为海洋学是一门年轻的科学——它起源于1872年英国海军的第一艘海洋科学考察船"挑战者号"（Challenger）的探险之旅。

"挑战者号"出发时大约有240名船员，返回时只剩下144人。其余那些人要么死亡，要么被半途遗弃。

"挑战者号"的这次探险航程共计13万千米，于1876年完成，带回了大量发现。这次探险的构想，来自苏格兰的动物学家查尔斯·汤姆森（Charles Wyville Thomson）：他建议开展一项绘制全球主要海盆分布图的任务，同时还可以调查世界各地的海水含盐量及浑浊度（或说清澈度）。汤姆森希望伦敦的皇家学会可以带头实现这个计划。"挑战者号"最初是一艘战舰，为此而改装成了科学考察船，装满了仪器、渔网和采样设备，还建立了船

右图是"挑战者号"制作的一幅海洋地图，标明了海面海水的密度，黄色代表密度最高，粉红色代表密度最低。

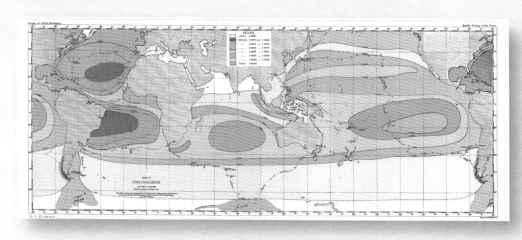

上的化学实验室。这艘船是以蒸汽为动力的，但船上的蒸汽机输出的能量只有少部分用于驱动船的航行，大部分则用来驱动一个泥铲，用于从海底挖起沉积物。

这次考察是环球航行，但航线并不是环球航行的最短路线。为了途经全部主要的海洋盆地，它的行进路径有些曲折。考察队在西太平洋取得了此次探险中影响力最为持久的发现：船上的工作人员对海洋的深度共进行了360次测量，得到海床深度最深的一次是在关岛群岛和帕劳群岛之间，数字为8184米。这个区域其实正是马里亚纳海沟的一部分，如今被称为"挑战者深渊"（Challenger Deep）。根据2011年的最新测量，那里的最深处达到了海平面以下10994米，它也是地球固体表面的最低点。这个深度足以淹没珠穆朗玛峰。

"挑战者号"曾进入南极圈，并遇到冰山和浮冰，但没能看到那块终年冰封的南极大陆。（见下图）

行的体系）差别太多，所以对其中大多数内容都未予以接受。尽管如此，韦尔巴赫的分类体系中，的确有一个概念对我们理解云有所帮助：他把一种垂直形态的雨云称为"积雨云"（cumulonimbus，意即"堆积起来的雨云"），这种云能发出雷声，其顶端还经常形成卷云。国际气象组织觉得这个描述相当贴切，由此决定把霍华德体系中的"层积云"这一概念剔除出去，因为层积云跟韦尔巴赫的"积雨云"属于同种类型的云，但阐述上不如韦尔巴赫的好。

雷暴云

积雨云是雨云中的一种，外观特点是垂直高耸，可达12千米的高空。在温暖的地表附近，强大的上升气流如果能把足够多的水分抬升到空中，就会形成积雨云。而如果它是在暴风雨期间形成的，那么也可以称为"雷暴云"（thunderhead），其各个高度层之间会彼此摩擦，产生电势差。这些积累的电量最终会变成闪电，释放到空中，或者直接劈向地面。闪电出现时，会加热周围的空气，这些空气因而迅速膨胀，产生一种冲击波，这就是我们听到的雷声。

积雨云既可以单独形成，也可以整簇地形成，还可以沿着冷锋形成。积云只要过度发达，就会演变成积雨云，并且可能进一步演化为"超级单体"（super cell）的一部分（见右图）。积雨云还可以引发龙卷风。

夜光云

夜光云（noctilucent cloud，意即"在夜间发光的云"）是一种罕见的云，只在夏季短暂的傍晚或黎明时段才可能见到。其他所有种类的云距离地面都不超过14千米，但夜光云的高度达到了惊人的80千米。在那样的高度，空气相当干燥，而夜光云的成分却是冰晶，所以，这种云的成因至今仍然没有定论。

59 喀拉喀托火山的喷发

1883年8月27日上午10:02，爪哇岛西边的一个小岛上，一座火山的喷发产生了有史以来最大的噪声。这次喷发还引起了海啸，甚至远在英国都能探测到。

喀拉喀托（Krakatoa）火山的这次喷发在1883年8月26日就开始了，当时它释放出的火山灰形成了巨大的"云"。在27日上午的早些时候，它出现了两次相对较小的爆发，随后就是那次大爆发。大爆发的声音传到了3110千米之外的澳大利亚珀斯，在4800千米之外印度洋上的罗德里格斯岛也能听到。27日上午的这3次爆发造成的海啸在登陆时的浪高有30米，这些海浪成了此次火山喷发事件中最为致命的部分，至少造成36417人在陆地上和海上遇难。

喀拉喀托火山这次喷发释放的能量巨大，甚至是历史上最大的热核炸弹的4倍。喷发前，这是一座海拔790米高的火山；喷发后，由于海床之下的岩浆库崩塌并被海水填满，这里变成了一个6500米宽的"破火山口"（caldera）。这次喷发一共

喀拉喀托在哪儿？

1969 年拍摄的一部好莱坞灾难片（见左图）重现了 1883 年的这次火山爆发。该片由马克西米利安·谢尔（Maximilian Schell）主演，曾获得奥斯卡奖最佳视觉效果奖的提名。片中的人物盯上了火山附近的一艘沉船，试图把其中满载的珍珠打捞出来。制片方想给电影起一个富有异国色彩的名字，所以选择了爪哇岛东部的"喀拉喀托"——他们并没意识到，这座火山实际上在爪哇岛西边。后来这部电影做了重新剪辑，起了个简洁的名字《火山》。

送出了多达 21 立方千米的尘埃和火山灰，这些物质让人们在 3 天之内都没有看到太阳，白昼变得昏暗；全球气温也因此而出现下降，直到 5 年后才彻底复原。

喀拉喀托岛看上去十分安宁，但 1883 年的火山喷发导致它从地图上消失了。（见右图）

60 造山运动

在19世纪80年代，人们普遍认为，山脉正逐渐被侵蚀殆尽， 所以即使是眼前看来最雄伟的山脉，也会在足够遥远的将来变成小丘。但这里有个问题：最初是什么力量造就了这些山脉呢？

美国矿物学家詹姆斯·达纳（参看本书第101～102页）是地球收缩理论的倡导者。该理论认为，地球最初是一个"熔岩球"，它随着逐渐冷却的过程，形成了固态的地壳。然而冷却并未就此停止，进一步的冷却导致岩石圈也收缩了，造成了地壳的破裂。这些破口体现在地面上就是一些大尺度的地貌，包括山脉。到了19世纪80年代中期，多个研究团队从阿尔卑斯山、苏格兰高地和落基山等地收集来的一些证据，为我们带来了与之有所不同的观点，比如：断层或裂缝穿过岩层，会导致较老的岩层被推到较年轻岩层的上方。

右边这张世界地图，用青色区域表示"造山带"，也就是被"冲击"作用抬高成山脉的地区。

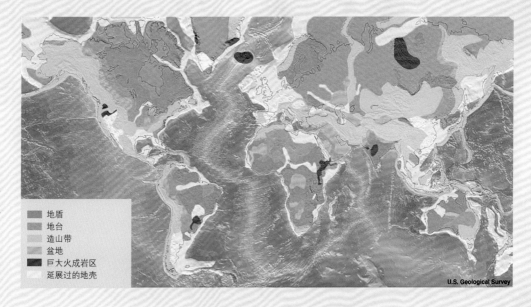

地盾
地台
造山带
盆地
巨大火成岩区
延展过的地壳

U.S. Geological Survey

岩层之间的冲力首先造成一个隆起的"斜坡背斜"（ramp anticline），随后，地层开始破碎，产生出更加复杂的地貌。（见右图）

抬升成形

这种老岩层被推到上方的地质特征叫作"冲断层"（thrust fault），由此发展而出的"冲断层理论"为我们理解山脉的形成过程提供了一套新的基础。对于这个称为"造山运动"（orogeny）的过程，冲断层理论解释说，当一大片岩层受到横向的挤压时，断层的一侧就会向另一侧滑移，形成岩石较厚的区域。而若是整块大陆那么大的岩层相互推挤，产生的山脉就可能高耸入云。研究那些小尺度的冲断层，可以获得一些线索，有助于我们搞清楚全球尺度上的地形是在怎样的过程中被塑造出来的。

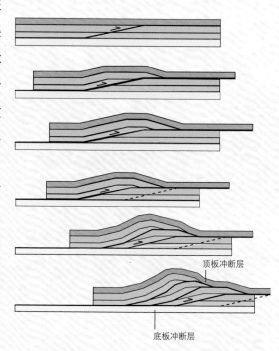

顶板冲断层

底板冲断层

61 厄尔尼诺

秘鲁的水手报告称，在一些年份的圣诞节前后，会出现一股温暖的、南向的洋流，他们称其为"厄尔尼诺"（El Niño，西班牙文，字面意思是"小男孩"），意指在圣诞节降生的圣婴耶稣。而如今，这个名字已经转指一种全球性的气候事件。

关于"厄尔尼诺"，最早的官方记载来自一位船长——卡米洛·马丁内斯（Camilo Carrillo Martinez）。

卡米洛·马丁内斯（见上图）曾有过耀眼的海军生涯，后于19世纪70年代担任秘鲁的财政部部长。

"厄尔尼诺"这个说法，是马丁内斯从老水手们那里听来的。1892年，马丁内斯把这个说法报告给了位于秘鲁首都利马的地理学学会。如今我们理解的厄尔尼诺，已是一个称作"厄尔尼诺－南方涛动"（ENSO）的大洋运动系统中的那个温暖阶段。每当太平洋中部的赤道海域形成大量的温暖海水（这种海水区一般出现在国际日期变更线和西经120度之间），厄尔尼诺现象就容易被诱发。在这种情况下，一到年底，这些海水就会被带到南美洲的西海岸，厄尔尼诺由此正式到来。然而，"厄尔尼诺－南方涛动"不是每年都会出现的，它是针对海面温度的一个跨越多年的"温暖—寒冷"变化周期而言的。在某些年份，海水的温度会偏低，这种阶段则被称为"拉尼娜"（见左侧文本框）。

南美洲西海岸的海水通常是寒流的地盘，但在发生厄尔尼诺的年份，温暖的海水会聚集到此处。这种变化是一个气候效应大循环的一部分，该循环对整个太平洋地区乃至更远地区都有影响。

拉尼娜

"厄尔尼诺－南方涛动"的寒冷阶段被命名为"拉尼娜"（La Niña，西班牙文，字面意思是"小女孩"），以便跟温暖的厄尔尼诺（小男孩）阶段形成反义对比。在这个阶段，太平洋东部和中部的海面会由于有水从深处上涌而变得更冷，而温暖的海水会因此在几年之内聚集到太平洋西部。在"拉尼娜"发生期间，南美洲寒冷但干燥，西太平洋则湿润。当然，海面的冷水最终会向西流，而较暖的海水会朝东往更深处流动，然后在秘鲁附近上升到海面，导致厄尔尼诺现象重新出现，完成整个循环。（见下图）

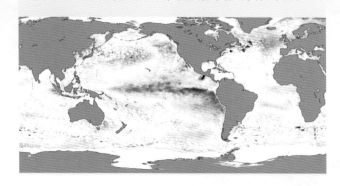

气候的影响

厄尔尼诺会给太平洋的西部带来高气压和干旱，而给太平洋的东部送去低气压和暴雨。平均来看，相邻的两次厄尔尼诺之间有4年的时间，但也有些周期在7年左右。"厄尔尼诺－南方涛动"对太平洋周边的农业生产影响显著，因为在周期的不同阶段中，气温和降雨量的差异很大。当今的这类气候变化带来的影响包括暖期和冷期之间的温差的扩大，以及出现得更为频繁的极端天气，比如旱灾。

62 温室效应

1896年，瑞典化学家斯万特·阿累尼乌斯（Svante Arrhenius）首次全面描述了如今人们所知的"温室效应"（greenhouse effect）。阿累尼乌斯对这种效应的兴趣，来自他提出的关于地球如何变冷（从而产生冰河时代）的理论。而现在，"温室效应"有助于我们更深入地理解气候。

"温室效应"是一种即便没有人类也会发生的现象，该效应会使地球的大气层捕获一部分来自太空的太阳能，也正因如此，地球表面的平均温度保持在可以接受的14摄氏度。尽管这个温度比较低（在这个温度下，人们需要穿一件外套），但假如没有温室效应，地球会变成一个表面平均气温零下18摄氏度的冰冷世界。温室效应的存在及其运作机制在19世纪被人类发现，阿累尼乌斯（见右下图）还阐述了温室效应对气候变化的长期影响。近年来，围绕着人类对大气成分的影响，以及大气

阳光中的可见光（波长在肉眼可见范围内）照进地球的大气层，但地球获得的那些不可见的能量并不会全部释放出来。这个过程与在温室里看到的差不多，最终的结果也是地球变暖。（见正下方图）

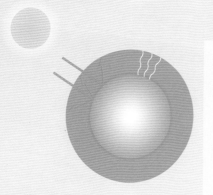

右图展示了阿累尼乌斯的一篇彪炳科学史的论文《论空气中的碳酸对地表温度的影响》。

成分变化对气候的影响，兴起了不少科学辩论和政治辩论，而"温室效应"这个词的含义在这些辩论的过程中逐渐变得模糊了。

一个新想法

1824年，法国数学家约瑟夫·傅里叶（Joseph Fuorier）最先提出了关于"温室效应"的想法。1856年，美国的尤妮丝·富特（Eunice Newton Foote）以实验证明了大气中各种气体不同的热学特性。尤妮丝发现，当这些气体暴露在阳光下的时候，二氧化碳的温度要比氧和氮的温度高得多。过了几年，爱尔兰的物理学家约翰·丁达尔（John Tyndall）也做了类似的实验，并因此而出名。丁达尔还对各种气体向外辐射热量的过程做了测定。

令人唏嘘的是，丁达尔没有提到尤妮丝的功劳。但不论如何，真正搞清了这些化学物质对气

化石燃料

植物可以把二氧化碳气体"固定"下来，将其当作自身生长的原料。动物会吃掉植物，在消化植物的过程中需要用到氧，并同时释放能量，这样，废弃的二氧化碳会被释放回大气。这种循环是"自限性"的，也就是说，它自身就限制了自身的规模。然而，我们使用的石油、天然气、煤炭等燃料都是古代生命的遗留物，称为化石燃料，它们富含碳元素，一旦燃烧，这些碳元素就会以二氧化碳的形式释放到大气里——这不属于自然碳循环的一部分，所以这些碳会不断地在空中累积起来。

目前，人类活动释放出的过量二氧化碳中，有一半被陆地和海洋吸收了。如果未来这种吸收率下降，那么会有更多的二氧化碳（以及多余的热量）聚集到大气中。右侧幅地图是由NASA利用最新的二氧化碳测绘卫星的数据制成的，它显示的是在前述的吸收率下降一半的情况下，全球大气中二氧化碳的浓度情况，红色为高，蓝色为低。可见，原本寒冷的北方，温度将会反超其他地区。

候有何影响的，还是专攻化学物质如何吸收和释放能量的阿累尼乌斯。我们的大气基本上是透明的，阳光会直接穿过它（当然，其中蓝色的成分更容易被散射，所以晴朗的天空看起来是蓝的）。阳光让地表变热，地表则以不可见的波长把能量辐射回太空。氧、氮和氩三种气体会让热量不受影响地通过，它们加起来占到空气成分的99%以上。然而，仅占大气0.04%的二氧化碳，以及其他一些温室气体（比如甲烷、水蒸气）都会吸收热量，从而将其"截留"，导致大气变暖。园丁们会说，温室的玻璃也在做同样的事情——让光线进来，但阻止热量出去；尼尔斯·埃克赫姆（Nils Gustaf Ekholm）显然也了解这个过程，因为正是他在1902年创造了"温室效应"这个术语。

失控的行星

离地球最近的行星——金星同样有大气温室效应，只不过比地球上的更加极端。下面这幅雷达扫描图显示，金星表面被厚重、多雾的大气遮盖，这层大气的主要成分就是二氧化碳。温室效应让金星成了太阳系中最热的行星，其表面温度高达462摄氏度，大气压力则是地球上的90倍。

气候变化

二氧化碳作为生命活动的废弃物之一，会被排放到大气中。比如，你呼吸时，吐出来的气体就包括二氧化碳。阿伦尼乌斯的研究，将气温的变化与空气中二氧化碳的含量变化联系了起来。冰河时代是不是由二氧化碳含量的突然下降导致的？这是阿伦尼乌斯很感兴趣的一个问题。反过来说，二氧化碳含量的上升肯定会改变气候。在阿累尼乌斯的时代，已经有越来越多的工业企业依赖化石燃料提供能量了。当时的人们认为，这些燃料释放出的二氧化碳会被植物和海洋吸收掉；不过，到了20世纪50年代末，大气中的二氧化碳含量上升趋势已经确凿无疑（如今仍然在上升）。阿累尼乌斯的计算结果无可置辩——这意味着大气正在逐渐变暖，虽然变化幅度不大，但趋势十分明显。气候变化带来的"症状"就是极端天气。另外，海平面的升降状况与南北两极周围结冰的总量有关，而这同样可以追溯到温室气体含量的变化。

63 探索南极洲

人们曾认为地球的南边是一片广阔的大陆，其面积占据了南半球的大半。 然而，历代探险家在南半球发现的陆地很少，那里似乎只有狂暴的海洋、危险的冰山和浮冰。这种局面导致了大众对南半球态度的冷漠。要想深入了解南半球，还需要付出巨大的努力。

1837年，朱尔斯·居维尔（Jules Dumont d'Urville）指挥的法国船队第一次瞥见了南极大陆的边缘（那块陆地的大部分都被厚实的冰层覆盖着）。几年后，詹姆斯·罗斯（James Clark Ross）率领的一支英国探险队则认为，这片土地不值得去探险。探险家真正重返南极时，已是半个多世纪之后，那个时期被称为南极探险的

机械时代

20世纪20年代起，南极探险的"英雄时代"为"机械时代"所取代。如今，每逢南半球的夏天，都会有大约4000人在南极洲生活，他们绝大多数是地球科学家，只不过具体的研究方向各有不同。（南极的一些科考基地建有自用的冰质跑道，可供运输机起降。）而到了冬天，南极洲的居民数量会下降到1000人左右。人们在南极洲建起的房子会逐渐被冰雪掩埋，例如英国的"哈雷"（Halley）考察站就在65年的时间里重建了6次。上图所示是最新一代的建筑底座，它们有液压模式的"腿"，可以从堆积的冰雪里"爬"出来，迁往更好的位置。

"英雄时代"——其特点在于，勇敢的探险队顶着恶劣的条件去探查并开拓这片冰封的大陆，而且这个过程往往伴随着死亡。这个阶段的第一次尝试由比利时的探险队于1897年完成，这是人类第一次体验南极的冬天（船被困在海冰中无法动弹）。1898年，英国的"南十字"探险队登上了南极大陆。此后，许多探险队接踵而至，他们除了考察这片大陆的沿海地区和那里的野生动物（主要是海豹和企鹅），也都想尝试到达"极南"之地，因此一支比一支更接近南极点。这场竞争在1912年1月告终：英国探险家罗伯特·斯科特（Robert Scott）带队跋涉到了南极点，却发现挪威人罗阿尔德·阿蒙森（Roald Amundsen）在一个月之前就抢先造访过那里了。这位阿蒙森，正是1897年那支比利时探险队中的大副。

第一次登上南极大陆的科学考察活动是由1898年到1900年的"南十字"探险队完成的。第一个建在南极洲的永久定居点落成于1956年。第一次有婴儿在南极洲降生则是1978年，地点是阿根廷建造的一处南极基地。（见右图）

64 气象气球

考克斯韦尔和格莱舍的那次滑稽实验表明，派真人去高空收集科学数据是不现实的。为此，人们开始改用气球搭载自动化的仪器来完成此事。

海洋学家为了测定大海的深度、记录大海深处的情况，会使用一些可以遥控的设备。与之相似，"大气学家"（aerologist）为了研究大气，也得想办法把设备送到天空的高处。这方面最初的尝试是用风筝把气象仪带上天空，这种设备可以记录气压和气温数据。只要风筝不断线，就可以把设备重新拉回地面，然后从中读取数据。但是，风筝能到达的高度有限，要想随心所欲地探测各种高度的大气是极其困难的。

1892年，法国人古斯塔夫·埃尔米特（Gustave Hermite）和乔治·贝桑松（Georges Besancon）研制了一套无人气象气球系统，解决了上述的高度控制问题。他们使用的纸质氢气球可以把大约10千克的设备带到1万米左右的高空。后来他们又改用像

大气层的结构

地球的大气层可以细分为五个层次。离地面最近的是对流层（troposphere），我们所说的任何"天气系统"都出现在这个层次。对流层外面是平流层（stratosphere），这个层次内部的温度是随着高度增加而上升的。再往外是中间层（mesosphere），气温在这个层次又下降了，这里也是整个地球物质体系中最冷的部分，最低气温仅为零下113摄氏度。再外边就是热层（thermosphere），它的气体密度随着高度增加而平稳下降，其外缘已经到达太空（大部分人造卫星都运行在这一层）。最远处则是外层（exosphere），这个层次的气体稀薄到仅有痕量水平，勉强在地球引力的作用下没有散逸而已。（见右图）

高空

外层

600千米

热层

120千米

中间层

60千米

平流层

11千米

对流层

地面

胶材质的气球来升级系统，这种气球会随着海拔的上升而膨胀，又把飞行高度上限提升了一点儿。当然，随着外部的大气越发稀薄，气球内部和外部的压力差距也会越来越大，最后导致气球爆掉。那么，气球爆炸之后，数据是怎么拿回来的呢？答案是：给测量设备装上降落伞，它就可以缓缓地回到地面。

大量升空

1896年，法国气象学家莱昂·德·波尔特（Leon Philippe Teisserenc de Bort）开始尝试利用氢气球在高空大气和云内部进行科学实验。波尔特发现，随着高度的增加，空气的温度会以几乎稳定的速率下降，但到了11千米左右的高空就稳定下来了。在更高的地方，即便气压变得更低了，温度的下降也不再明显——当然，他的氢气球飞行高度也有上限，所以很难测出更外层的大气温度会如何变化。波尔特一共在大约5年期间放飞了200多个这样的气球，其中大部分都在夜间放飞，以便排除阳光对温度的影响。最后，波尔特确认了自己的发现：大气可以分为两层。其中较低的一层有许多气团在翻腾，导致这一层的内部状况不断变化，波尔特称之为"对流层"，所有的天气现象都出现在这一层；较高的一层则以温度稳定为特点，叫作"平流层"。而如今，我们已经知道在平流层之上还有三个层次（详见上页右侧"大气层的结构"）。

无线电探空仪

对气象学家来说，气象气球一直是一种既便宜又强大的工具。如今的气象学家会在气球上搭载无线电探空仪（见上图，该照片摄于1936年），这种仪器由电池提供能量，可以把接收到的任何数据转换成无线电波，实时发送回地面。它能侦测的数据项目包括气温、气压、高度、风速和大气化学成分等。另外还有一种与之类似的设备"下投式探空仪"（dropsonde），使用时要从飞行器上扔下来，令其在下坠的过程中收集数据。

65 地球的热量

古代先贤断言，地球是寒冷的来源。你问他证据何在？因为岩石"摸起来是冷的"。显然，我们有更好的证据来说明，这种观点明显不对：像火山喷发，还有温泉，这些都能说明地球内部是热的。但是，这些热量又是从哪里产生的呢？

1862年，威廉·汤姆森（William Thomson，也就是如今大家熟知的开尔文勋爵）决定以一个世纪前的布丰伯爵为榜样，研究地球的冷却过程。要知道，汤姆森是热力学方面的权威——"绝对零度"（0开氏度）的水准就是他计算出来的。汤姆森以自己的学问功底，详细计算了一个像地球一样大的熔岩球需要多长时间才能冷却到如今地球的状态——要产生固体的表面，且这个表面的平均温度也跟地球相同。根据汤姆森的推算，这个过程最长需要4亿年。这个结论立刻引发了学界的质疑。当时的地质学家们正在研究岩石的形成过程，即盖满地球表面的一层层破碎物质是如何变成岩石的。他们信奉均变主义的原则（或者说"现在是了解过去的钥匙"），因此十分肯定岩石的诞生过程是缓慢的。一颗行星要形成像地球这样的一整套岩石构造，要呈现出地球这样的岩层弯曲和侵蚀状况，4亿年的时间是不够的。生物学家也支持地质学家的看法，他们认

月球潮汐理论

乔治·达尔文（George Darwin）作为一位天文学家，起初还曾给开尔文勋爵对地球年龄的估算提供了佐证——他的理论解释道，月球（见下图）是从早期（仍处于熔融状态）的地球上被离心力抛甩出来的一块物质，后来绕地球运行，并逐渐冷却成今天的状态。月球的自转与它绕地球的公转是同步的（所以我们在地球上总是看不到月球的背面）。乔治·达尔文的计算结果显示，达成这种"潮汐锁定"的状态需要5600万年的时间。

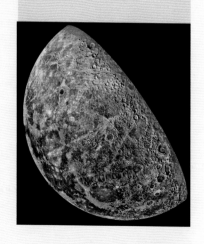

为，地球上的生物要通过"自然选择"（这在当时也是一个热门的新话题）进化到如今的多样程度，4亿年同样不够。作为著名物理学家的汤姆森就这样遭到了反对的声浪，他的计算看来无法成立了。

缓慢冷却还是额外加热

要解答这个问题，有一个明显的思路：地球的材质不是均一的。地球内部热量的流动过程，或许被一些我们尚未了解的机制给减缓了。（话说，我们倒是已知地球内部包含大量的"对流羽流"，但这些羽流散热的速度比开尔文在计算中使用的理论模型还要快。）仅存的另一种可能性是：除了诞生之初遗留下来的原始热量，地球还有自己的热源在补充新的热量，那就是地球内部的放射性元素衰变产生的热量。元素的放射性直到1895年才被发现，但此后不到10年，乔治·达尔文（George Darwin，查尔斯·达尔文的儿子）就提出，可以把放射性作为解决地球热量"收支"问题的一个思路。后来，也确实是研究放射性的科学家通过"放射性测年法"破解了关于地球真实年龄的难题。

乔治·达尔文（见左图）是《物种起源》的作者达尔文的儿子，也是最早提出放射性元素衰变会给地球内部加热的科学家之一。

66 莫霍面

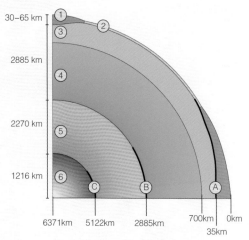

古人很早就认为，大地的震动预示着会有更糟的事件来临。但是，到了19世纪中期，这种引发地震的波动却显示了积极的一面，因为一个称为"地震学"（seismology）的新学科开始利用这类波动来"观察"地球的内部。

"地震学"这个术语是由爱尔兰的地质学家罗伯特·马勒特（Robert Mallet）于1857年创造的。马勒特将炸药沉入海底，制造人工的地震波，用来协助他开发一种机器，以探测自然界中的波动是如何穿过各种岩层的。1897年，实验物理学家埃米尔·威歇特（Emil Wiechert）曾短暂地研究过理论地球物理。威歇特比较了地球的总体密度与地表岩层的平均密度（后者数值较小），由此提出假说：这种差异一定是因为地球内部分为两层，其中内层是铁质的"核"，外层则是由类似于岩石的硅酸盐矿物构成的"幔"。这一假

目前已知地球内部有三个不连续面（见上图）。莫霍不连续面A将较厚的大陆地壳①和较薄的海洋地壳②与"上地幔"③区分开来。古登堡不连续面B区分的是"下地幔"④和熔融的"外地核"⑤。莱曼–布伦不连续面C则标志着固体的"内地核"的外缘⑥。

最早的地震仪

公元132年，中国的科学家张衡发明了这种"地震风向标"，见右图。这是一只青铜大瓮，里面有摆锤，周围均匀分布着八只龙头，各含一个铜球。地震时，地面移动，摆锤随之摆动，就会把其中某一个铜球打出去。落下的球会被铜蟾蜍的嘴接住，由此指明在哪个方向发生过地震。

说在1906年被理查德·奥尔德姆（Richard Dixon Oldham）的研究证实。该研究表明，确实存在一个致密的内核结构可以阻挡地震波，或者使之发生偏转。

波动的类型

地震学的建立基于这样一个事实：地震波的反射或折射方式，跟光波或池塘中的水波是类似的。位于世界各地的地震仪可以收集那些传到地表的地震波数据，从而建立一幅图像，反映这些地震波走过的路径，以及它们在地球内部穿过了怎样的物质。1909年，克罗地亚的安德烈·莫霍洛维奇（Andrija Mohorovicic）发现：在陆地表面下方大约20千米处，地震波的速度必定会发生变化；而若是换到海底的下方，那么波速发生变化的地方就只在约5千米深处。这个波速变化处可以视作一种界线：在其上方，波动在固态的岩石中传播；而在其下方，波动要穿过的是某些更为致密的东西。该界线如今被称为"莫霍洛维奇不连续面"，简称"莫霍面"，它昭示着地幔的上方有一个相对较薄的区域，该区域应被看作地球结构的第三层，即"地壳"。

67 寒武纪生命大爆发

在加拿大落基山脉的页岩中，人类发现了大量化石。这些化石说明，地球上的"复杂生命形式"（意即我们今天看到的大量较高级的物种）是在大约5亿年前突然涌入历史舞台的。

落基山脉的页岩又称为"布尔吉斯页岩"（Burgess Shale）。早在19世纪90年代末，人们就发现这里的化石资源相当丰富，但直到1910年，才由美国的古生物学家查尔斯·沃尔科特（Charles Doolittle Walcott）在此找到了真正的宝藏。当时，沃尔科特刚从美国地质调查局的主管职位上退下来，于是他把寻找化石做成了"家庭事

帽天山页岩

　　"帽天山页岩"是一个位于中国的岩层，与在落基山脉发现的岩层非常相似，但年代比落基山脉的还早1000万年。这里在20世纪80年代被发掘，当时发现了一组与加拿大方面类似的生物化石。上图所示的是其中的尖峰虫（Jianfengia）化石。尖峰虫是一种捕食其他动物的节肢动物，头部有坚硬的附属物。这些来自中国的化石表明，地球上的生命多样化进程早在5.2亿年前就开始了。

务"：他的儿子和女儿会在山里露营，进行长期的野外考察旅行。1911年，沃尔科特的第二任妻子海伦娜（Helena）去世；1914年，他再婚了，对象是著名的自然题材艺术家玛丽·沃（Mary Vaux），这位妻子成了化石搜寻团队的有力一员。截至1924年，沃尔科特的家庭小组已经挖掘出65000个标本，它们都来自古代的海床，都属于寒武纪（Cambrian）。寒武纪是古生代（Paleozoic Era）的第一个时期，以最初在威尔士发现相关岩石的地点而命名。这些寒武纪岩石在带有化石的岩石中是最古老的——至少当时的人这样认为。在沃尔科特生活的年代，这些岩石的年龄还停留在猜测阶段，如今估计寒武纪岩石的年龄在距今5.41亿年到4.85亿年。"布尔吉斯页岩"有5.08亿年的历史。

众生皆在此

　　沃尔科特最终没能完成巨量的标本研究任务，这些化石标本被存放在史密森学会（Smithsonian Institution），逐渐落满灰尘，对其进行全面彻底分析的工作直到20世纪60年代才宣告完成。结论显示，如今还生活在地球上的每个门

　　这是查尔斯·沃尔科特在"布尔吉斯页岩"中搜寻化石期间，一次休息时的留影。这张照片的左边是一幅腕足类（brachiopod）化石的图像，这是一种曾经在寒武纪海洋中大量存在的贝类，但现在已非常罕见。（见右图）

的动物（"门"是物种分类中的基本组别），几乎都能在这批化石里找到对应痕迹：这里有像昆虫和蜘蛛这样的节肢动物，也有蠕虫、水母，甚至还有外形像鱼类的一些微小生物。从化石记录来看，在短短几百万年的时间里，生命的世界就从几乎空无一物变得如此多样化，所以这一事件被称为"寒武纪大爆发"。

68 放射测年法

20世纪早期，人类发现了元素的放射性，这为测定岩石的年代提供了机会。利用这些原子和新的测定技术，我们会对地球的年龄有哪些新的认识呢？

在20世纪初，欧内斯特·卢瑟福（Ernest Rutherford）和弗雷德里克·索迪（Frederick Soddy）两位物理学家指出，所谓放射性，其实就是不稳定原子的解体，它会释放出一些能量和某些物质，并转化为其他原子。（记住，元素其实是指具有某种特定结构的原子。既然放射性会改变原子的结构，所以一种元素也有可能转变为另一种元素。）卢瑟福和索迪指出，对单个原子而言，我们无法预测它何时发生放射性的衰变，但从整体上看，有放射性的材料都遵循"半衰期"模式。也就是说，

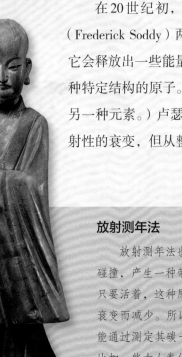

放射测年法

　　放射测年法也叫放射性碳年代测定法。来自宇宙的射线会与地球大气中的氮元素发生碰撞，产生一种带放射性的碳原子，即"碳-14"。所有的生物体内都有微量的碳-14，且只要活着，这种原子就有不断的补充。而一旦死亡，碳-14就得不到补充，其总量开始因衰变而减少。所以，任何材料，只要来自生物（比如棉花、头发、骨头、木头），就都可能通过测定其碳-14含量来确定其年龄。这种方法适用于历史不超过5万年的此类标本，比如一些古人类化石和古代手工艺品，也包括这尊400年前的中国木雕作品（见左图）。

亚瑟·福尔摩斯（见上图）证实，较老的岩石标本中的放射性物质含量要低于较新的岩石标本。

这类材料中有一半数量的原子完成衰变所需的总时间是可以确定的。如今已经知道，有一些高度不稳定的放射性物质，其半衰期短到百万分之几秒，而岩石中最常见的那些放射性元素，比如钍和铀的半衰期则漫长到以百万年为单位。假如已知这些放射性元素在岩石中的原始含量（岩石形成时它们的含量），那么就可以根据如今观察到的含量，来推算该岩石是何时形成的。

付诸行动

部分研究人员尝试以阿尔法粒子的数量来测量放射性衰变，因为这种微小的带电粒子就是原子衰变过程的产物（它们会从原子中被甩出来）。然而还有一种更简单的方法，即利用所谓的"衰变链"（decay chain），例如放射性的铀元素会先后衰变成几种高度不稳定的原子，分别为氡、镭和钋，最后才会变成稳定形式的铅。美国化学家伯特拉姆·伯尔特伍德（Bertram Boltwood）是采用这种方法的先驱，他通过比较岩石中铀和铅的比例来推算岩石的年龄，并由此指出某些岩石已有5亿年的历史。1911年，英国研究人员亚瑟·福尔摩斯（Arthur Holmes）发现了16亿年前形成的岩石；他还在1927年做了更精确的重测，把这个结果修改到30亿年。到20世纪50年代，科学界已经对放射性衰变有了更深入的理解，通过"衰变链"的原理，科学家们确定了陨石已有45.5亿年的历史——这与地球和太阳系的年龄几乎相等。

锆石（Zircon，见右图）是地球原产的物体中最古老的。这种矿物晶体有些已有40亿年的历史。

69 大陆漂移

第一份精确的世界地图诞生后，逐渐被广为使用，也让许多人注意到一件事情： 世界上各块大陆的形状似乎可以像拼图一样吻合在一起。一个伟大的想法由此埋下了种子。

《世界剧场》

下面这幅图选自地理学家亚伯拉罕·奥特柳斯于1570年在比利时出版的书《世界剧场》（*Theatrum Orbis Terrarum*），该书被认为是最早的世界地图集。奥特柳斯对书中展示的各个板块做了文字描述，但书中的地图只有少部分是他自己绘制的。全书共收录地图53幅，多数是其他制图大师的成果。这些地图按大洲排列，但该书的世界图景之中仍然有一片巨大的区域基本处于猜想状态，那就是"南方之地"（Terra Australis），它代替了今天所知的南极洲。有趣的是，这块假想的大陆在图中的印度洋和太平洋之间向北凸出了不少，覆盖了应是澳大利亚所在的区域。澳洲大陆是在17世纪初发现的，1570年距离欧洲人知道它的存在尚差将近40年。所以说，或许当时的制图师们已经意识到那里存在大陆。

16世纪晚期，人类终于有了第一张与实际情况相当接近的世界地图（见左下图）。不过，这个时期的世界地图中，仍有许多内容基于人们一厢情愿的猜测（特别是北极和南极地区），另外，太平洋的东岸也几乎没有被欧洲人探索过。然而，大西洋及其两岸的形状此时已经获得了广泛认可。从出版第一本世界地图集的亚伯拉罕·奥特柳斯（Abraham Ortelius）开始，人们就忍不住好奇：为什么南美洲的东岸与非洲的西岸显得如此契合？奥特柳斯甚至提出，美洲可能是"从欧洲和非洲被地震与洪水撕裂出来的……只要拿出一张世界地图，仔细看一下海岸的形状，就会发现陆地断裂的痕迹"。

一百多年后的洪堡也持有类

右侧这些图由魏格纳绘制，描绘了如今的大陆曾经是怎样的一块唯一的超级古陆，以及它们后来如何分离而形成了今天的海陆格局。

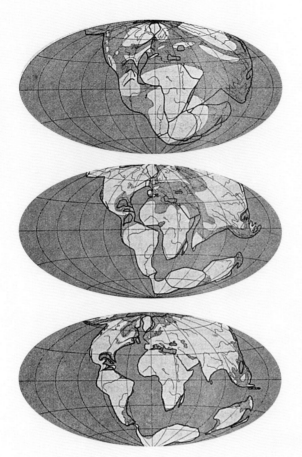

似的观点。与此同时，在19世纪30年代为使地质学成为一门主流科学而做出大量贡献的查尔斯·莱尔也总结了一个公认的观点："因此，大陆本身虽然在整个地质纪元中稳定不变，但它在不同时期所处的地理位置却可能完全不同。"

永恒理论

然而，面对海陆分布持续变化的这个假说，19世纪的新生代地质学家们还是犹豫不决。（想想一种旧观念可以盘踞多久！）"陆地固定说"的一位主要支持者就是詹姆斯·达纳，他出版《矿物学手册》后，又于1863年出版了《地质学手册》（*Manual of Geology*）。他在《地质学手册》中宣称："大陆和海洋在很早以前就确定了大致的轮廓或分布方式。"这种观点后来被称为"永恒理论"。在达纳的学术影响力支持下，这种理论很难被撼动。另外，"永恒理论"获得了一种有力证据的加持，那就是大陆架：大陆架似乎是由河流把陆地上的沉积物冲刷出去而形成的，如果说大陆在移动，那这些巨大的水下地貌为何还会存在呢？

发现漂移

比"永恒理论"更古老的观点认为，大西洋形成于美洲大陆从非洲和亚洲分裂出来的时候——同理，世界上所有的大陆都在缓慢地移动和变形。这个古老观点此时有了一个与"永恒理论"对立的新名字——"大陆漂移"。这要归功于德国的气象学家阿尔弗雷德·魏格纳（Alfred Wegener），他在1912年创造了这个术语（至少是其德文版本）。在接下来的几年里，魏格纳通过与之相应的化石记录和配套的地层证据，坚持推广大陆漂移的观点。这些证据都表明，在遥远的过去的某个时期，目前的七大洲陆地是连在一起的。各个大陆之间在化石上和地层上的任何差异，都始于它们分离的时候。魏格纳把这个曾经存在的单一超级大陆称为"泛古陆"（Pangaea），把包围着它的单一超级大洋称为"泛大洋"（Panthalassa）。这种想法与爱德华·休斯（Eduard Suess）稍早时期的想法相呼应：休斯运用类似的思路，提出一块叫"冈瓦纳"（Gondwana）的南方超级古陆，它是从名为"劳拉西亚"（Laurasia）的北方超级古陆上分离出来的，二者之间的海洋则称为"特提斯"（Tethys）。其实，魏格纳和休斯两人都是对的：泛古陆是大约在距今2亿年前分裂为冈瓦纳和劳拉西亚的。然而还有一个问题：大陆漂移的机制是怎样的？魏格纳推测，是地球自转的离心力迫使陆地漂过海床的。这并不准确。后来人们在20世纪60年代发现的真相，才进一步揭示了海陆分布的变迁方式。

魏格纳（左图中右一）和格陵兰探险家拉斯姆斯·维鲁姆森（Rasmus Villumsen，左图中左一）于1930年在格陵兰中部探险时的留影。二人都在拍完这张照片之后的一个月内死于北极地区的寒冬。

70 变质岩

1912年，英国有一位地质学家在地壳中发现了一种新的岩石——变质岩（metamorphic）。从此，理论中的岩石循环有了第三个环节。在这个环节，高压和高温会改变固体岩石的成分。

这位地质学家就是乔治·巴罗（George Barrow），他生于伦敦，天性机灵能干，在数学和其他学科上都颇有成就。在决定专攻地质学之后，巴罗于19世纪90年代开始对苏格兰高地进行测绘，为之制作地图。经过20年的认真工作，巴罗提出了一个概念，这就是如今业内皆知的"巴罗式梯度"（Barrovian gradient）——这个术语现在以巴罗命名，以示纪念。巴罗制作的地图显示，可以根据不同矿物的出现而把岩石分成清晰的层次。此后不到10年，芬兰的地质学家彭迪·埃斯科拉（Pentti

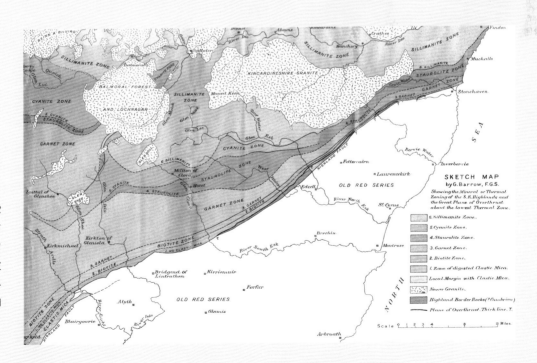

右图是1912年乔治·巴罗发布的一幅地图，它展示的是后来被称为"高地边界断层"（Highland Boundary Fault）的区域。

Eskola）就解释了这种现象的成因。

变质作用

巴罗式梯度是岩石"变质变化"（metamorphic change）的最简单方式，它反映了温度和压力双双随着深度而增加。这种不断改变的环境参数会让"原岩"（protolith）的各种矿物成分产生物理上和化学上的双重变化。矿物变了，岩石的性质也就变了，最终会产生一系列新的岩石种类，至于具体是哪种，取决于该位置的受力环境。巴罗式梯度是"造山带"的典型现象，因为这种地带的岩石会在地下深处被挤压。在一些岩浆房（magma chamber）和火山裂隙（volcanic fissure）附近也会产生变质岩的分布带，但其主要成因是高温，而非高压。另外，陨石的撞击也可能生成小型的变质岩带。火成岩和沉积岩都有伴生的变质作用，比如：石灰岩可变成大理石，页岩可变成板岩，砂岩可变成石英岩。此外，片岩和片麻岩也属于变质岩，但其源头要普通得多。

变质作用的过程会使岩石中的矿物排列成片状，这种现象叫作叶理（foliation）。叶理的显著程度，在某种程度上可以反映变质作用的强度——当时环境下的压力和温度情况。（见下图）

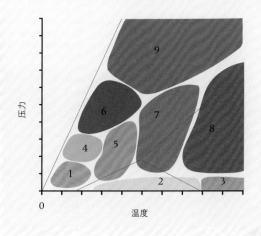

变质相

　　1921年，芬兰的地质学家埃斯科拉描述了一种叫"变质相"（metamorphic facies）的区域。在这种区域内，温度和压力有着各种组合，可以制造出一整套特殊的矿物。这些矿物随后也会结合成变质岩。图中数字代表的矿物分别为：1—沸石（zeolite）；2—角页岩（hornfel）；3—透长石（sanidinite）；4—葡萄石-绿纤石（prehnite-pumpellyite）；5—绿片岩（greenschist）；6—蓝片岩（blueschist）；7—闪岩（amphibolite）；8—麻粒岩（granulite）；9—榴辉岩（eclogite）。（见左图）

71 树木年代学

树木每年都会长出新的一层木质，从而形成我们所熟知的"年轮"。年轮不仅是计算树龄的好方法，它在气候研究中也颇具价值。

　　"树木年代学"（dendrochronology，其词根dendron在希腊文中是"树"的意思）的思路是，通过树干中的年轮数量来推断这棵树生长了多久。目前对年轮的最早记载来自达·芬奇。他已经知道，树木在夏季生长得更快，所以会长出一层颜色相对较浅、质地较松软的木头；而冬天树木生长缓慢，冬季诞生的木质也就颜色更深、质地更紧密。这样一松一紧的两个层次代表一年的生长，在一些大树内部经常可以看到数百组这样的特征。达·芬奇甚至还知道，在那些特别寒冷的冬天，新生的木质颜色特别深，所以年轮其实也能反映过往的气候状况。可惜，这个既简单又有效的方法在此后的几个世纪里只被当成无用的雕虫小技。直到1920年，美国的天文学家道格拉斯（A. E. Douglass）找到了一个正视该方法的充足理由：他想把树木年轮里的"气候记录"跟太阳黑子的活动周期做个比较（太阳上的黑子数量增减以11年

最古老的年轮位于树干的中心，年轻的则在外围。树木经历了人类史上的许多大事件，还记录了遥远过去的气候和大气变化信息。(见右图)

为周期)。结果，道格拉斯发现二者相关。如今的树木年代学专家们已经利用一些长寿的针叶树木的年轮，梳理了最近7000年以来的全球和区域气候状况。

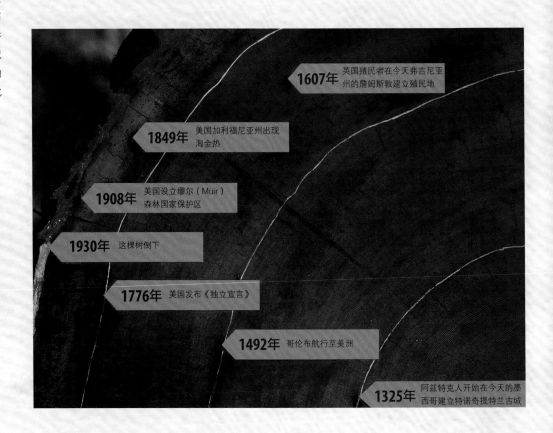

1607年 英国殖民者在今天弗吉尼亚州的詹姆斯敦建立殖民地

1849年 美国加利福尼亚州出现淘金热

1908年 美国设立缪尔（Muir）森林国家保护区

1930年 这棵树倒下

1776年 美国发布《独立宣言》

1492年 哥伦布航行至美洲

1325年 阿兹特克人开始在今天的墨西哥建立特诺奇提特兰古城

72 里氏震级

地震是地球表面最具破坏性的力量之一。全球各地都可以切实感受到这种频繁夺走人命的灾害影响有多大。在1935年，诞生了一套测定地震威力的系统。

查尔斯·里克特（Charles Richter）在这一年发明了"里氏震级"（"里"字即取自他的姓氏），用来测量地震中释放的能量。当然，在真的遭遇强烈地震时，任何人都不可能首先想到这次地震的强度如何，而是只会希望它的能量赶快减弱，不要再增强了。待地震过后，留下的是有可能造成严重次生灾害的满目疮痍，而造成这种破坏的力量本身又变得与灾区的人们基本无关了。然而，地震学家显然对地震的能量很感兴趣，因为地震波在一段时间内源源不断地穿过地球，会给研究地球的内部结构提供充足的数据。当地下挤压岩石的力量增长到足以导致岩石破裂时，就会生成地震波。随着这股压力被释放，就会有岩石被推到更深的地

瓦尔迪维亚，1960年

1960年5月22日发生在智利的瓦尔迪维亚（Valdivia）的地震（也称"智利大地震"）是人类有记载的地震之中最为强烈的，达到里氏9.6级，持续了大约10分钟。此次地震引发的海啸不仅袭击了智利南部，还扫过了太平洋，冲击了夏威夷、日本、菲律宾、新西兰、澳大利亚、阿留申群岛等地。这次的震中位于安第斯山脉下方，自旧殖民城市巴尔迪维亚起的内陆地区遭到严重破坏（见上图）。

方。数十亿吨的固体岩石突然移动，就会向四面八方以波动形式传导压力。当这些波动到达地面时，就会使之震动——确切地说，是升降或者横向摇晃。大部分的建筑抵抗不住这些力量，于是产生破裂甚至垮塌。

5级以上的地震会破坏建筑物。若超过9级，则几乎全部的建筑物都会被夷为平地。（见右图）

10.0	从未有记载
9.0	50年1次
8.0	每年1次
7.0	每年10~20次
6.0	每年100~150次
5.0	每年1000~1500次
4.0	每年10000~15000次
3.0	每年10万次
2.0	每年100万~200万次
1.0	每年数百万次

地壳上有一些已然存在的裂缝，地震很可能是沿着这些裂缝发生的。但是，人类仍无法预测地震在何时、何地发生，这一点早就为现实所证明了。每一次地震，推拉断层系统的力道都不一样，从而会让系统进入新的一种受力平衡状态。此后的某个时间，在某个位置，系统又会改变，再换一种平衡方式。如果能有一种可靠的方法来预测地震，将会拯救许多生命（且避免数十亿美元的损失），因此地震学家在不断寻找这种方法。里氏

震级系统的建立，是这项工作的第一步。

在里克特之前，地震学家做到的最多是比较各次地震的震波能在多远处探测到。到了20世纪20年代，随着可靠的地震仪被发明出来，这种方法变得更实用了。研究者发现，地震越严重，地震波的振幅也就越大。里克特则在同行的工作基础之上，发展出了一种方法，用于将观测到的振幅转换成一个简单的对数标度。里克特把1级定为人类几乎察觉不到的地震，以此为起始，震动强度每变强33倍，震级就高一个等级。里氏震级现已用于公开的地震公告，而如今的地球科学家使用的是一种与它类似的新版计量指标"矩震级"（moment magnitude scale）。

历史记载中最致命的地震之一发生在1556年1月23日晚，受灾地点是中国陕西的华县。现在估计当时的震级约为里氏8～8.5级。这次地震震级虽大，但仍算不上罕见的大震，然而，据估计它竟造成约83万人遇难，成了历史上致死人数最多的自然灾害。造成如此惊人后果的原因是，该地区以巨量的黄土沉积而闻名，黄土算是一种非常松软的岩层。当地居民习惯住窑洞（见右图），这种在悬崖上挖出的洞穴有很多在地震中倒塌，正在熟睡的人难逃厄运。短短几分钟的地震，就让当地人口减少了60%。

73 铁质的地核

1774年，天文学家内维尔·马斯基林（Nevil Maskelyne）测量了苏格兰一座山的引力，并利用它计算了地球的密度。结果表明，在地球的深处存在一些密度更高的东西。

地球的整体平均密度，比我们熟悉的各种岩石的密度要高得多。根据推测，这些额外的质量很可能来自一个由铁和镍组成的地核。1926年，英国的地球物理学家哈罗德·杰弗里斯（Harold Jeffreys）对此提供了明确的证据。杰弗里斯认为，从地核阻挡地震波传播的方式来看，地核一定是由炽热的、呈液态的金属构成的。1930年，丹麦的地震学家英奇·雷曼（Inge Lehmann）以此前一年新西兰发生的大地震为契机，"贴近观察"了地球的内部，她在地震波图像中发现，某些震动成分应当是由一个液体核心里的部分物质反射过来的。杰弗里斯推算的液态地核直径约为6800千米；雷曼则指出，在地核以内还有一个直径约2800千米的内核。雷曼是对的，如今认定的地球内核直径为2442千米。

英奇·雷曼（见上图）的科学发现为她赢得了许多奖项和荣誉。她有很充足的时间来享受自己的成功，因为她活到了104岁。

到1940年，有人提出，雷曼所说的内核实际上是一个巨大的固态金属球：它的温度仍然高到足以把铁熔化，但地球深处巨大的压力会使它保持固体状态，且在处于熔融状态的外核里头自转。据推测，地核的固体部分和液体部分之间有一个黏性的过渡区，这让外核区呈现"漩涡"状态，即乱流和涡流的混合状态。这种假说可以很好地解释地球为何形成了强大的磁场（其场强在太阳系各大行星中仅次于木星），其他假说是无法与之比肩的。

74 矿物分类

如今的矿物分类，是根据尼克尔−斯特伦茨分类系统实施的。 这个分类体系基于化学和晶体结构来划分矿物类型，于1941年首次被提出，此后定期更新。

矿物分类系统的第一个版本是以德国的地质学家、柏林洪堡大学矿物馆的馆长卡尔·雨果·斯特伦茨（Karl Hugo Strunz）来命名的，因为是他决定根据化学特

矿物分类

黄金

1. 元素
这一类包括各种以纯净的天然状态出现的元素，包括各种金属（比如金、银）以及非金属（比如硫，还有以钻石、石墨和煤的形式出现的碳）。

硼砂

6. 硼酸盐
这是一个成员较少的类型，是指包含硼和氧的化合物。其中，大家最熟悉的成员应该是硼砂，它很早以前就被作为清洁用品的成分了。

黄铁

2. 硫化物和复硫盐
这一类由含硫离子的化合物组成，硫离子通常与金属结合。该类有几个成员是重要的矿石，另外还包含一种叫黄铁的东西，也就是硫化铁，俗称"愚人金"。

重晶石

7. 硫酸盐及类似物
这些富含硫的化合物与第2类的区别在于，它还含有氧原子。此外，这一类矿物还包括铬酸盐类、钼酸盐类和钨酸盐类，它们的化学性质与前者相似，但更罕见。

岩盐

3. 卤化物
这一类都是卤素（如氯、氟、碘）的化合物，其中最重要的是岩盐，它是氯化钠的矿物形式，也就是众所周知的普通盐。

白云母

8. 磷酸盐及类似物
这类矿物以磷酸盐类为主，但也包括砷酸盐和钒酸盐，种类繁多却数量稀少。其中最常见的一种是磷灰石，它是磷酸钙的一种自然形式，是牙釉质的成分之一。

蓝宝石

4. 氧化物和氢氧化物
这一类大多是简单的氧化物，包括铜和铁的氧化物。水的固体形式冰也属于此类。该类的成员还包括红宝石和蓝宝石等。

硅硼钙石

9. 硅酸盐
这一类的成员颇为多样，它们以按多种形式排列的二氧化硅单元为基础，涵盖了地球上90%的岩石。云母和长石都是该类的成员。

方解石

5. 碳酸盐和硝酸盐
这类化合物带有由碳和氧组成的离子，或更罕见的由氮和氧组成的离子。比如方解石，还有材质类似粉笔的石灰石，都属于这一类。硝石则是一种硝酸盐矿物，是火药的原料之一。

琥珀

10. 有机化合物
部分地质学家认为，这类物质不应属于矿物，因为从本质上看，它们不是经由地质作用生成的，而是通过生物过程产生的。这类的例子包括琥珀，它是树脂的一种化石形式。

性来排列矿物标本，并将其分成10类。2001年，美国的欧内斯特·尼克尔（Ernest Nickel）修订了这个体系，从此该体系就被称为"尼克尔–斯特伦茨系统"了。

75 气象雷达

雷达是第二次世界大战带来的一项发明，操作员可以用它搜寻远处飞来的敌机。
不过，雷达也经常误报，把正在接近的雨云当成敌机。所以雷达在军事之外也有用途，那就是新型的天气预测工具。

雷达是一种探测系统，它利用无线电波脉冲来发现远在地平线之外的物体。这些电波一旦碰到任何物体，就会反射回来，但物体既可能是一群飞机，也可能是要形成大片降雨的云层。雷达天线接收到无线电的回波之后，就会把消息传达给操作员。加拿大的雷达科学家们找到了把雷达回波的强度与降雨强度联系起来的方法，而英国的一个研究小组则将回波的模式与云的类型联系了起来。天气雷达能够监测天气系统的演化发展，包括龙卷风的暴发。这些成就不仅激励着人们研制更高级的雷达，也让人类对气象学有了更深的理解。到了20世纪80年代，气象雷达已经成了天气预报工作常用的一种设备。

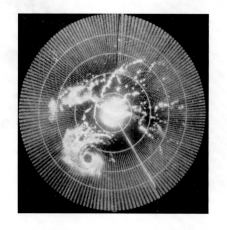

现代天气雷达会利用"多普勒效应"来探测天气系统朝哪个方向移动。（见上图）

76 失落的生命：埃迪卡拉

过去人们曾认为，最早的生命是在约5.4亿年前出现在寒武纪的地球上的。但后来，澳大利亚南部埃迪卡拉山（Ediacara）的一项发现迫使人们重新思考这个问题。

　　1946年，澳大利亚的古生物学家雷格·斯普里格（Reg Sprigg）在岩石中发现了一些痕迹，他认为那是水母留下的，而且这些岩石的形成年代可以确定在寒武纪的早期。但是，当时在其他地方已经发现过类似的化石，其中一些岩石要比斯普里格发现的更为古老，所以如果这真是水母，就有悖当时"生命始于寒武纪"的说法。因此，岩石中这些奇形怪状的结构被认为是沉积物中的波纹和气泡干的好事。

埃迪卡拉的"狄更逊水母"（Dickinsonia）被认为是一种原始的植物，或者一种真菌，抑或一种环节动物。说不定，它代表着一个已经彻底灭绝的、跟现在完全不同的生命王国。（见右图）

然而到了20世纪60年代，斯普里格发现的化石已被确凿证明为生活在约5.75亿年前的多细胞生物，比寒武纪还要早。这些奇特的化石也被称为"埃迪卡拉生物群"，它们与复叶蕨类植物（fern frond）、扁虫（flatworm）和鼠妇（pillbug）同时出现。它们是生命最早的祖先吗？然而，它们在"寒武纪大爆发"开始时却突然消失了，所以可能是另一种未能幸存下来的生命形式。

77 微小的化石

1953年，当科学界还在争论埃迪卡拉生物群的年龄时，美国明尼苏达州的"燧石带"（Gunflint Range）发现了另一块化石，它大刀阔斧地重置了这个问题的地质学和生物学时间尺度。

地球上的生物并不只限于动物、植物和真菌。18世纪以来，人们就知道还有一个由肉眼看不见的微生物组成的生命世界，那里有细菌、酵母和变形虫等生物。在微生物领域，古生物学起初主要研究那些源头为生物的沉积物，比如某些石灰石和白

"燧石带"中发现的此类微生物化石，会呈现为"叠层石"（stromatolite）。这些有条纹的化石是由数百万层的细菌遗骸组成的，新一代的细菌会在上一代细菌的遗骸上生长。（见下图）

垩。在显微镜下，这些富含钙质的碎片看起来就像那些肉眼看不清的海洋生物的贝壳或碎片，它们是在这些动物身体的柔软部分腐烂之后沉入海底的。这些沉积物都形成于古生代和中生代，那是一个复杂生命已经存在的时期。例如，从1.45亿年前至6600万年前的白垩纪，其名字就源于由"颗石藻"（coccolithophore）的碎片形成的大量白垩质沉积物。

然而，"燧石带"含有一层近19亿年前的燧石，它由红色的铁质层和黑色的硅质层构成。1953年，化石搜寻者斯坦利·泰勒（Stanley Tyler）在显微镜下观察了黑色的硅质层，发现了长约10微米的小球体和棒状体，看起来很像细菌细胞。后来的分析表明，它们是以光合作用生存的细菌——蓝藻。这一发现带我们回到了生命王国的起点：人们发现了一大类新的生命——原生动物，它填充着地球上只有简单的单细胞生命的整个时代。根据目前的理解，最早的类似细菌的生物是在25亿年之前演化出来的。

78 大西洋的中脊

19世纪70年代那支"挑战者号"探险船队曾发现大西洋中部有一块崎岖不平的海床。1953年，人们发现那其实是世界上最长的山脉，只不过它全部被海水淹没。

1928年，赫伯特·多尔西（Herbert Grove Dorsey）发明了"回声测深仪"（fathometer），这一回声探测系统给海洋学的研究带来了革命性的变化。（见右图）

"挑战者号"上的研究人员当时有一项任务，即为跨越大西洋的电报电缆勘测出一条可行的铺设路径，结果在勘测时发现了这一区域。后来，科研人

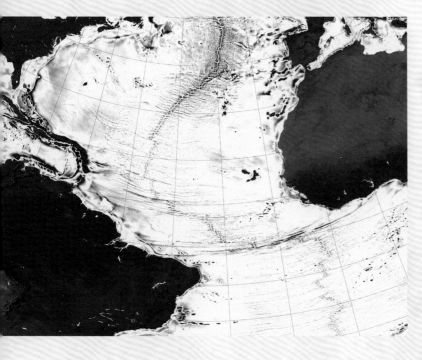

员对潜艇的特性产生了更大的兴趣时，又赶上了一项得力的新发明——回声探测仪。这种设备能向水中发出高频率的声音信号，并接收到来自海底的任何回声。这种技术可以用来测量各处的水深，比早期的测深技术更快、更准确。到了1925年，德国一艘名为"流星"（Meteor）的研究船实施的探测显示，那块崎岖不平的海床里似乎有一系列的水下山峰，它们围绕着非洲大陆的南端呈曲线排列，最终进入印度洋。

大西洋中脊在海床上壮阔地蜿蜒，却从来没有接近过任何一边的大陆。（见上图）

继续深探

直到20世纪50年代，海底的这一整个地貌系统才有了清晰的地图，其主要工作是美国的地质学家、地图绘制家莫里斯·尤因（Maurice Ewing）、布鲁斯·海森（Bruce Heezen）和玛丽·萨普（Marie Tharp）完成的。尤因和海森在"春绿号"（Verna）科考船上收集了相关的探测数据；萨普是女性，在当时是无权在科考船上"实地"工作的，但她在纽约将这些数据与马萨诸塞州的伍兹霍尔海洋研究所（Woods Hole Oceanographic Institution）收集的海底数据结合了起来。1953年，萨普公布了当时最清晰的大西洋海床全图。由此全图可见，从大西洋的中部往南，延伸出一个与众不同的狭长地貌带，它包括高耸的海底山脊，还夹有深深的海底峡谷。这就是现在所说的"大西洋中脊"（Mid-Atlantic Ridge）。后来的研究发现，从北极到东印度洋的海底，存在一条更大的海底山脉，"大西洋中脊"属于它的一部分。人们还很快发现，该山脉的地震活动频繁（目前仍然如此），其露出海面的地方就是火山岛，比如冰岛。

79 气候模型

天气预报需要初始的气象数据，并将它们汇集起来试图预测在未来某一时刻的天气变化状况。但是，这种计算有可能模拟出全球的天气吗？

1956年，普林斯顿高等研究院（Institute for Advanced Study at Princeton）的气象学家诺曼·菲利普斯（Norman Phillips）设计了一个数学算法，用来模拟大气对流层每个月的变化方式。当这个算法在计算机上运行时，它创建出一个真实的气候模型，能够"加速"时间的流逝，显示未来很长一段时间的大气和海洋状态。该模型不仅能对天气系统做全面的推算，还能绘制出风力和风向图，包括地表附近的风，以及平流层边界的高空风（所谓的"急流"）。菲利普斯的这个大气环流模型是历史上第一个气候模型。尽管该模型对一两年之后的天气变化做出的所谓预测完全没人相信（确实也不值得相信），但它依然被认为是一项巨大的成功，因为它表明，天气和气候都是可以用数学计算来模拟的，只不过需要足够的计算能力。自从菲利普斯做出这个突破性尝试以来，气候模型一直在改进，不断追求逼近地球上的真实情况。

计算机预报

最早尝试以数学计算来预测天气的人，是英国的刘易斯·理查森（Lewis Richardson）。1922年，理查森以当时的大气状况数据为条件，通过计算，预测出了6小时之后的天气变化。然而，理查森完成这些计算却花了6个星期，"预报"早已成了"回顾"。要想加快速度，就需要某种可以编写程序的计算机（也许我们可以叫它"电脑"）。20世纪40年代末，第一台电子计算机ENIAC（见上图）被美国军方制造出来。1950年，ENIAC被用于计算天气。ENIAC使用的计算模型是简化版的，但它可以迅速产生结果，以便让预报能够派上用场。1954年，瑞典气象学家还使用ENIAC的程序进行了定期的天气预报。

右图是美国国家海洋和大气管理局提供的一个气候模型对2050年全球平均气温变化所做的预测。

美国国家海洋和大气管理局气候模型

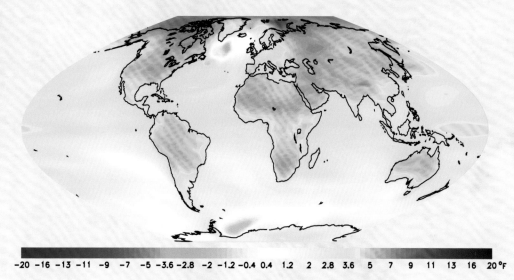

-20 -16 -13 -11 -9 -7 -5 -3.6 -2.8 -2 -1.2 -0.4 0.4 1.2 2 2.8 3.6 5 7 9 11 13 16 20 °F

表面气温变化幅度（单位：华氏度）
（21世纪50年代平均值减去1971—2000年的平均值）

80 气象卫星

人们从太空竞赛的早期就期待着有一种能从太空监测天气的系统。 20世纪60年代初，人造卫星送来的数据开始提升天气预报的水平。

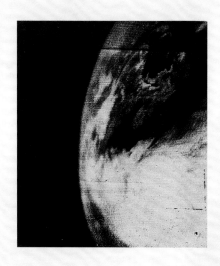

"泰罗斯"的英文TIROS是"电视红外观测卫星"的缩写，该卫星能发回地球云层的活动影像。（见右图）

最早进入太空的人造飞行器是由德国人研制的导弹。美国接管了这项技术之后，有些科学家发现，这项技术其实很有民用价值（尽管仍有很多人一门心思地想将其用于军事领域）：如果不造导弹而造卫星，那么它只要能从太空

"泰罗斯"卫星在轨运行的寿命大约只有80天。如今，它的后续版本已经能发射到地球的高静止轨道，可以在那里工作很多年。（见右图）

发回大气层的实时图片，就能在地球之外实现天气预报。于是，他们付诸实践。

飞进太空

早期的太空气象数据系统较为简单，只是将火箭送入"亚轨道"，以便把相机带入高空，但是收集到的数据用处不大，算上经济成本，得不偿失。到1959年，已有两套能与之竞争的卫星系统正在开发。第一个进入轨道的是"先锋号"（Vanguard），由

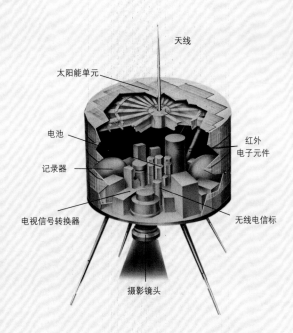

天线

太阳能单元

电池

记录器

红外电子元件

电视信号转换器

无线电信标

摄影镜头

范艾伦辐射带

美国的第一艘宇宙飞船是1958年1月在匆忙中发射的，即"探索者1号"（Explorer 1），其目的是与苏联在前一年发射成功的"斯普特尼克1号"（Sputnik 1，意为"旅伴1号"）、"斯普特尼克2号"竞争。只不过，"探索者1号"的运载火箭无法像苏联火箭那样把飞船送进绕地球运行的轨道，而只能产生一个抛物线轨道。为了规避"冷战"对抗风险，"探索者1号"选择了以地球物理实验为借口。当然，实验确有其事，并且有所收获。该飞船发现了北极上方有一条强烈的磁性带，它被命名为"范艾伦带"（Van Allen Belts）——"范艾伦"是发现该物质带的NASA科学家的名字。地球附近有许多被"太阳风"送来的带电粒子，而范艾伦带会使这些粒子偏转并且向两极汇集。这些粒子因此而撞击大气层，于是产生了极光（见右图）。

美军的通信兵团开发，任务是测量云层的位置和厚度。然而，在航天技术发展的早期，经验与教训并存。"先锋号"必须以一个非正常的角度旋转才能获取观察地球表面的最佳视角，而且它的运行轨道也是椭圆形的，这种轨道对当时的运载火箭来说比较容易实现，但并不适合气象监测用途。"先锋号"最后被放弃，比它更加成功的是NASA在1960年问世的"泰罗斯"气象卫星。到20世纪60年代末，NASA又开始利用"雨云号"（Nimbus）卫星收集温度和云层数据。如今的气象卫星已经可以对地球表面进行精细扫描，还配有微波雷达用于侦测风的运动。

81 板块构造论

许多人的研究工作已经表明，大陆是会漂移的：地震会使岩层破裂，地壳则浮于"岩浆之海"上。板块构造论（plate tectonics）涵纳了所有这些命题。

地壳是一层盖满整个地球的、薄薄的岩石壳。但是，它碎裂成十几个板块，而这些板块会互相撞击、摩擦，由此分解或生成一系列坚固的岩石，改变着地球表面的地理格局。（见右图）

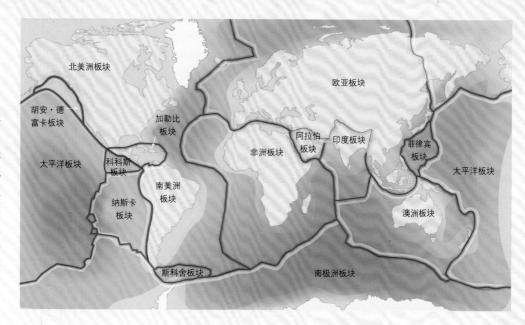

大陆漂移（continental drift）理论的领军人物阿尔弗雷德·魏格纳主张，大陆可以通过漂移来环游世界，但要想捍卫这种主张，他需要对其机制加以说明。对此，魏格纳提出大陆主要由低密度的花岗岩构成，漂浮在由密度更高的玄武岩构成的"海洋"上，而玄武岩作为火成岩，是海底岩石的主要成分。魏格纳认为，大陆会在海床上翻滚，就像海面的冰山会在海里翻滚一样。

越来越多的证据开始支持大陆漂移理论，其中最具说服力的是"古地磁"（paleomagnetism）研究，它表明岩石中的铁在岩石形成时与地球磁场的磁力线走向是相符的，只不过后来因为漂移而不再保持对齐了。这就是说，岩石和由岩石形成的大陆正在四处游荡。截至目前，人们仍不清楚漂移的具体原理。

海底扩张

板块构造理论发展中的关键突破出现在1960年，这就要说到当时美国的一位地质学家哈里·海斯（Harry Hammond Hess）。海斯得到美国海军的强劲支持，同时在海底勘测方面是绝对的权威。海斯提出，大洋的"中脊"正在不断生成新的地壳：岩浆从原有地壳上的裂缝涌出，填补其缝隙，形成新的玄武岩质海床。由于地球内部正处于一种温和的沸腾状态，所以上涌的岩浆还会在地幔对流的驱动下，不断迫使裂缝处产生新的破裂。因此，海床会缓慢而坚定地不停扩张，让大洋的两岸产生彼此远离的趋势。当时已经知道，跨大西洋的海底电缆总处于被撕扯的状态，这一理论为其提供了解释。后来，海斯和其他人合作发现，大西洋每年拓宽约25毫米。

地壳可以划分为多个构造板块。大洋中脊是一种向外扩散的（或说生成性的）边界，新的地壳会在那里形成；其他的边界则是汇合性的，也就是一个板块会俯冲进另一个板块的下方，随之熔化，变回地幔。这些汇合性的边界具有破坏性：由于板块拥挤摩擦在一起，特

哈里·海斯（见下图）以板块构造为基础，解释了全球的陆地格局为何会不断改变。

板块构造理论不仅解释了大陆漂移，还能告诉我们像山脉、火山和海沟等地貌是怎么形成的。(见右图)

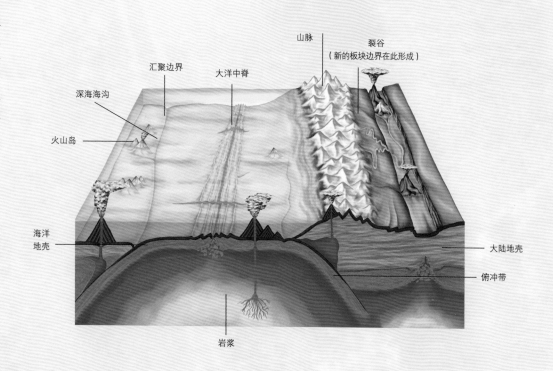

山脉

裂谷
(新的板块边界在此形成)

汇聚边界

大洋中脊

深海海沟

火山岛

海洋地壳

大陆地壳

俯冲带

岩浆

驱动着板块构造和大陆漂移过程的，是地球内部的热量。

别容易发生地震；岩浆也更容易从地壳薄弱地段冲出地表，形成火山。而且，随着大西洋的扩张，太平洋其实正在缩小。太平洋的周围基本都是破坏性的边界，这些边界彼此连接，形成所谓的"太平洋火环"（Pacific Ring of Fire）——它是地球上火山最密集的地带。

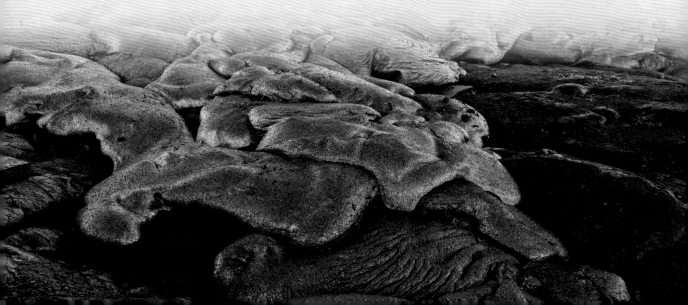

82 马里亚纳海沟

海洋的最深处位于马里亚纳海沟的"挑战者深渊"，去过那里的人很少，甚至少于上过太空的人。第一批到达那里的人类是1960年去的，他们使用了一种叫作"深海潜水器"（bathyscaphe）的独特工具。

一般的潜水艇都装有推进器，但深海潜水器没有——它就是以直接下沉的方式来潜水，直至沉到海底。1960年那次探险使用的深海潜水器名叫"的里雅斯特"（Trieste），它由瑞士的科学家奥古斯特·皮卡德（Auguste Piccard）制造，他的儿子雅克·皮卡德

深海潜水器"的里雅斯特"（见下图）总长15米，其油罐装有85000升汽油，两边都有压载水舱以维持平衡。乘员舱直径2.16米，用作配重的铁砂可以从其两侧的锥体中释放出来。

在那次破纪录的潜水行动之前，美国海军中尉唐·沃尔什（右图中左一）和瑞士科学家雅克·皮卡德（右图中右一）正在做准备工作。

（Jacques Piccard）负责驾驶，母港在如今属于意大利的海滨城市——的里雅斯特。由于这部深海潜水器的物权属于美国海军，所以当时的乘员还包括唐·沃尔什（Don Walsh）中尉。沃尔什和雅克坐在一个球形的压力舱里，这

个压力舱则被挂在一个巨大的油罐下面。罐里的油提供了类似于浮子的功能，的里雅斯特号则会在铁砂配重的作用沉入水中。

1960年1月23日，两人乘坐的里雅斯特号沉入马里亚纳海沟。沉入10916米深海底部的过程长达5个小时，但在目的地只停留了20分钟。他们原计划待得更久一些再释放铁砂以开始3个小时的上浮过程，但当时潜水器的外层窗户意外破裂，为保险起见，他们选择提前返回。在这样深的海底，水压是海面处的1000多倍。

83 流星

尤金·舒梅克（Eugene Shoemaker）是天体地质学的创立者，以他的名字命名的有一颗小行星、一颗彗星，甚至还有一艘太空飞船。舒梅克能得到所有这些命名，都始于对美国亚利桑那州沙漠中一个神秘陨石坑的调查。

天体地质学的主要任务是，将行星、月球或其他太空物质中的岩石与我们了解的地球岩石进行比较，以揭示相关的宇宙历史。舒梅克论证了太阳系内所有岩石之间的确凿联系，而这离不开亚利桑那州中部的巴林杰陨石坑（Barringer Crater）的

尤金·舒梅克做出前述发现的地方，现在被人称为"陨石坑"。（见下图）

一项发现。面对这个大坑，早期有研究者觉得它是火山的遗迹，但其他人则认为它是陨石撞击出来的，也就是一块来自太空的岩石留下的撞痕。1960年，舒梅克在这个陨石坑发现了一种让他"震惊"的二氧化硅矿物，因为以这种形式出现的二氧化硅，他以前只在核弹试验场见过（译者注：指的是"柯石英"形式，即二氧化硅的高压多形体）。自然的火山力量是无法制造这种形式的，只有陨石撞击的能量才够。舒梅克把这作为第一个证据，证明撞击地球的大型陨石具有跟地球上的岩石相似的地质学成分。也就是说，我们在地球看到的岩石，跟我们在太空中见到的岩石大同小异。

84 地球磁场翻转

古地磁领域的研究始于20世纪初。当时的地质学家注意到，某些地区的部分岩石被磁化的方向与当地的地球磁场方向是相反的。

古地磁研究者的主要任务是把各个大陆在地质年代里的移动状况加以标绘，以此来探索这种运动的过程和机制。此类数据积累到20世纪60年代时已经相当可观了，结果它们还反映出另一种现象：地球磁场在遥远的过去曾经多次翻转方向。这意味着，假如当时有指南针的话，在地质历史上的某些时期，本该指南的针尖会指向北边。有些被磁化了的火山岩为我们保存了证据：它们生成时的地球磁场方向，随着它们的冷却过程被固结下来了。通过对各地区海床的进一步调查，人们清楚地发现了这样一个情况（它可以作为板块构造理论的一部分）：在过去的8300万年里，地球的磁场已经翻转了181次（一说为183次）——所以，不久之后它还会翻转。

磁力计可以测出磁场的强度和极性。用船将一种专门的磁力计拖过海床，就可以检测那些被固结在海底的磁性颗粒究竟呈现何种极性或磁场方向。（见右图）

85 热点

像夏威夷这样的"岛链"是怎么形成的？关于这个问题，1963年诞生的一种新理论给予了解释，它后来成了海底扩张现象的终极解答。

参观过夏威夷"大岛"的人，几乎都知道这片土地是由火山形成的。在大多数的火山地区，各座火山都以某种方式沿着板块边界排布成链状，然而夏威夷的情况并不是这样，因为夏威夷的其他大多数岛屿上都没有活火山。为了解释这种现象，约翰·图佐·威尔逊（John Tuzo Wilson）提出了一个概念——"热点"（hotspot）。约翰逊推测，夏威夷群岛是因为太平洋板块移动到一个岩浆柱的上方而形成的：岩浆柱从地壳上涌出，形成了一个"热点"。这个"热点"供养了一批火山，最后拱出了一座岛屿。随后，海底的持续扩张让这座岛屿逐渐远离了"热点"，而岩浆柱因为处在地幔之中，所以只能留在原来的位置。于是，又会有新的岛屿在它上方形成，然后又被移走，只有最新生成的岛屿才与岩浆柱连在一起。不过，岩浆到底为什么会在地幔的某些部分聚集成柱状？这仍是一个悬而未决的问题。

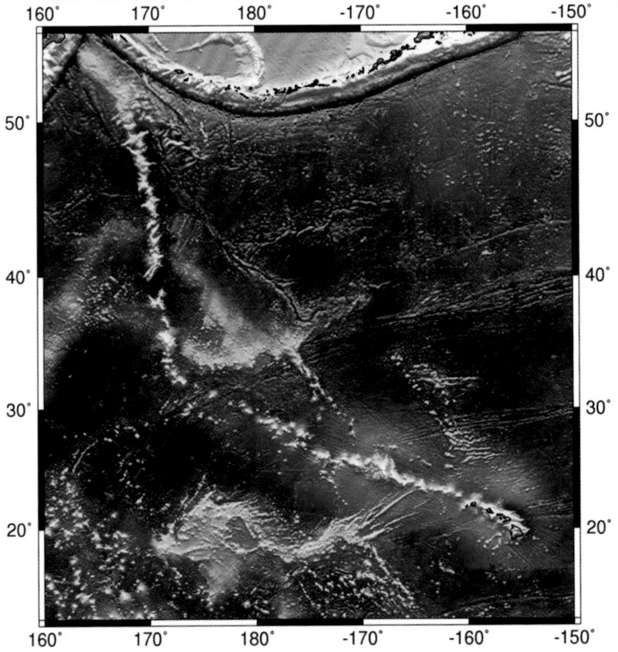

从太空拍摄的照片显示，夏威夷群岛在大洋上铺成了一条"小路"。（见右图）

86 地球的形成

关于地球的形成，地球科学能给我们提供哪些解释？ 迄今为止的最佳解释依然来自一个诞生于1969年的理论。

地球以及太阳系内的其他行星，都是由"星云"（一种由尘埃和气体等组成的、边界模糊的物质团）中的物质以某种方式各自汇聚而成的——这种想法其实早已存在，然而没人能清晰地解释这种汇聚的具体过程。进展出现在1969年，苏联天文学家维克托·萨夫罗诺夫（Viktor Safronov）发表了他的"太阳星云理论"。

根据太阳星云理论，太阳是由一个气体物质球持续收缩而形成的。在这个过程中，除构成太阳的材料，其他物质也会形成一个旋转的圆盘。其中，较重的物

各大行星都起源于一个圆盘状的"太阳星云"。（见右图）

开普勒太空望远镜从2009年开始扫描整个太空，寻找在其他恒星周围运行的行星，直到2018年结束任务。这些遥远的行星将带给我们怎样的知识呢？（见右图）

质（如微粒状的硅酸盐和金属）会离新生的恒星更近，而轻质的冰等会处在外圈。外圈的温度较低，以至物质均处于冰冻状态。这些物质不断碰撞在一起，聚集得越来越大，成为"星子"（planetesimal，也称"微行星"）。在引力的作用下，星子会吸收更多的剩余物质，最终演化为行星。

地球显然是由距太阳较近也较重的矿物和金属聚集而成的。它在诞生后的数百万年时间里，持续地遭受着流星的撞击（流星数量虽然不太稳定，但撞击没有断过），这导致它被不断加热，形成一个几乎完全处于熔融状态的球体。这样的一个历史阶段会让密度较大的金属成分逐渐下沉到地心区域，形成金属质的核，而较轻的硅酸盐类物质组成了地幔，并最终冷却出一个固体的地壳。

87 美国国家海洋和大气管理局

美国国家海洋和大气管理局是该国最主要的地球科学研究机构。它成立于1970年，但历史渊源比这个年份久远得多，其历史掌故也令人惊叹。

这个机构的英文缩写是NOAA，发音颇像《圣经》中的方舟制造者——诺亚（Noah）。美国国家海洋和大气管理局的真正历史可以上溯到1807年，当时美国国会成立了一个"海岸测绘局"，命其对全美国的海岸予以彻底勘察，是美国历史上第一个由政府主办的科学机构。1917年，这个机构被改名为"美国海岸和大地测量局"，它的工作人员被任命为军官，可以像陆军、海军和其他兵种一样穿着军队制服。这样做的原因是要保护测量员，使之免于被当成敌对人员给抓起来：他们的制服清楚地标示着军人身份，所以不能被视为间谍。进入20世纪，与地球科学相关的机构和服务不断增加，也逐渐合并，例如在1965年被合并进来的美国气象局。1970年，美国总统尼克松把官方的所有地球科学机构归并为"国家海洋和大气管理局"，描述其使命为"更好地在自然灾害中保护生命和财产""更好地了解整个美国的环境"以及"合理利用美国的海洋资源"。这个新机构除了研究海洋和大气层，还被赋予一系列工作，包括守护渔业和海洋生态保护区、应对干旱、管理一系列相关的人造卫星等。

美国国家海洋和大气管理局的一个研究小组正在实地追踪一场风暴，以深入研究龙卷风的运行机制。(见右图)

88 超深钻孔

下图是科拉超深钻孔的钻机。该现场后来于1995年被封闭。

板块构造理论以及其他不少物理地质学理论，都建立在同一个猜想的基础上，那就是：地幔是高温、柔软的岩石。 但这一直只是一种机智的猜测，毕竟还从来没人能收集到地幔物质的样本。是时候深入钻探了，而且人类确实做到了。

1961年，美国和苏联的太空竞赛如火如荼，与此同时，双方在探索地球内部的进程上也在激烈竞争（只不过大众不太关注）。美国发起了一个叫Mohole的计划，这个名字包含了"莫霍"（Moho）和"洞"（hole）的词根，暗示它的任务是要向着莫霍面钻洞。在陆地上，莫霍面可能深达地下65千米，但在海水之下的某些地方，地壳厚度只有6千米，甚至更小。然而，要以漂在海上的船为基地，给海床打一个几千米深的洞，其难度甚至超过了进入太空。最后，Mohole计划选择在海深3600米的地方向海床钻孔，从岩质地壳的183米深处采集到了样本。这个深度虽然已经打破了纪录，因而在地质学领域极富意义，但距离莫霍面显然还差得很远。

科拉钻孔

1970年，苏联为了在地球内部探索方面与美国竞争，选择了一种不同的方式，也就是在陆地上钻探，并在境内西北部开启了"科拉超深钻孔"（Kola Superdeep Borehole）任务。这项钻井作业一直坚持到1992年，直到1995年才由俄罗斯官方正式宣布终止。那么，它在这么多年里表现如何呢？

该任务从一个中心钻探点开始，打了好几个钻孔，每个钻孔直径都只有23厘米。到1989年，其中最深的一个钻孔达到了地面下方12262米。当时的团队坚持不懈，他们的目标是到1993年把洞打到15000米。然而，岩石12262米深处的温度已经高达180摄氏度了，多余的热量无法排出，导致钻探设备也无法继续深入。科拉钻孔已经是地球上最深的钻孔了，可是它离莫霍面也还有很长的距离。（油田的钻孔有比它更长的，但不是垂直向下的：目前的钻孔长度纪录是西伯利亚海岸外一个12345米的钻洞。）

目前最新的地幔钻探计划是多国合作的SloMo项目，它正在印度洋里一座海岭的脊部钻孔，那里的地幔离海床只有2500米，到目前为止，钻探深度已经达到计划的大约一半。

89 龙卷风

旋风和龙卷风当然不是美国独有的，但没有哪个国家像美国这样频繁地遭受它们的破坏。1971年，美国启用了一个龙卷风分级系统，以帮助人们更好地准备应对这些潜在的危险。

龙卷风是一种漏斗状的、不断旋转的空气系统，可以上接积雨云的底部，下达地面。这个"漏斗"内部的气压很低，大概只有正常海平面大气压的八成。上升的气流会将物质吸入云中，气压上的这种变化在极端情况下会导致建筑物爆裂。龙卷风的平均

右图将藤田等级和其他标识风速的方法做了比较。

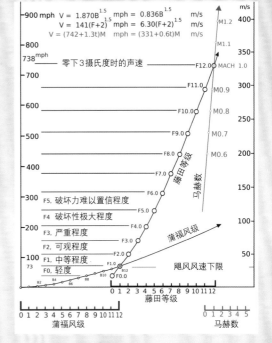

超级暴发

历史上最猛烈的龙卷风事件要数1974年的"超级暴发"（Super Outbreak）。这一年的4月3日和4日，短短24小时之内，美国共有13个州出现总计148个龙卷风（见下图）。它们分布在所谓的"龙卷风走廊"，即从得克萨斯州直到密歇根州的地带，其中有30个龙卷风的藤田级别为F4级或以上。它们造成的损失按今天的购买力计算为45亿美元，并致335人死亡。2011年的一次超级大暴发产生了更多的龙卷风（共216个），但强度不如1974年的。不过，2011年这批龙卷风袭击的城市更多，共造成348人死亡。

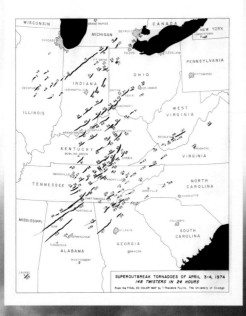

风速略低于180千米/小时，宽度平均为80米，在消失之前的平均寿命只有几分钟。然而，如果遇到极端案例，其风速可达480千米/小时，直径可达3千米，然后在地面上留下一条长达100千米的惨烈破坏痕迹。

人类最早成功预测龙卷风是在1948年，当时有两场龙卷风相隔几天先后袭击了美国俄克拉何马州的廷克尔（Tinker）空军基地，而基地的气象站提前报出了二场龙卷风的初始气象条件。1971年，绰号"龙卷风先生"的藤田哲也（Tetsuya）设计了一套龙卷风等级体系，从最弱的F0级直到最具破坏性的F5级。这就是"藤田等级"，它实际上是根据风速来评估龙卷风造成的损失，所以不是预报，而是回顾性的指标，灾后的紧急服务会据此被分配到最需要帮助的地方。

90 热液喷口

1976年，深海探险者在海床上发现了一处温泉，那里还有一种诡异的生命形式。

深海调查报告偶尔显示，在低温的海水底部发现了含盐量很高（特别咸）的热水。据推测，这些热水是从海底火山活动区的某些位置渗出来的。显然，探矿行业很想知道，这些地区的岩石中是否富含贵重的金属，但要在黑暗无光的深海中找出冒热水的泉眼，难度可想而知。不过，到了1976年6月，人们还真在东太平洋加拉帕戈斯群岛附近发现了一个这样的泉眼，发现它的探险队员们来自美国圣迭戈的斯克里普斯（Scripps）海洋研究所。

通过远程摄像机进行的初步观察显示，这个温泉更确切地说，其实是个"热液喷口"。它的温度太高，不适合生物生存——它周围的海水温度约为60摄氏度，而其他深海地区通常只有2摄氏度。斯克里普斯海洋研究所的团队给这个热液喷口起

有些热液喷口的温度高达464摄氏度——这些水之所以还没有汽化，是因为海床附近的水压极强，水里还溶解着许多矿物质。这里的矿物质如果接触到冰冷的海水，通常情况下会沉淀成"乌云"状，形成所谓的"黑烟"（black smoker）现象。（见右图）

了个绰号，叫"烤蛤蜊"（因为附近的任何海洋动物都会被来自火山的热水煮熟）。他们计划使用"阿尔文号"（Alvin）潜水器对该喷口实施近距离观察。这部潜水器由位于美国东海岸的伍兹霍尔海洋研究所操作，它到达喷口后很快就发现：此前的推测彻底错了，这里居然供养着一个资源优厚的生态系统！这可是大家从未见过的。

以化学物质为食

这些喷口里流出的水，此前已经以渗透的方式穿过了被火山活动加热过的岩层。因此，它们在到达海床时已经富含矿物质，生活在温暖海水中的细菌可以把这些矿物质当作食物。而许多动物（比如蠕虫和贝类）允许这些细菌在体内生存，以此来换取营养的供应。这是地球上唯一不依赖任何阳光的生态系统。

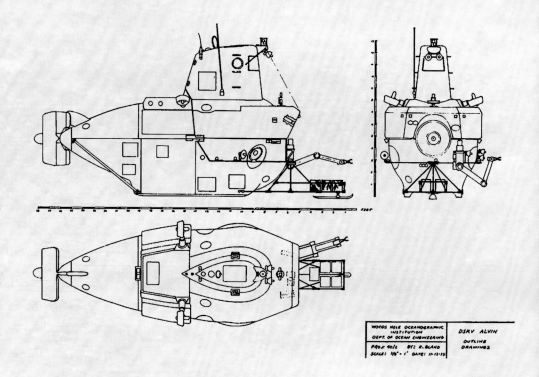

"阿尔文号"和其他深海潜水器的设计可以替代20世纪60年代的老一代深潜器。这些新款设备操作起来更加容易，还配备了灯、照相机和采样设备。右图是这款潜水器的设计图纸。

91 物种大灭绝

约6600万年前，曾统治地球的恐龙和其他大型爬行动物几乎突然灭绝了。这一事件标志着中生代的结束，以及新生代的开始。1980年，一对父子搭档在岩石中找到了关于恐龙灭绝的线索。

地质时间的所有分期，都和记录在化石及岩石里的全球剧变有关。其中，中生代末期有着尤其巨大的变化，由于白垩纪（K）在这时过渡到了古近纪（Pg），这个时期也被称为K-Pg边界。它不仅见证了大型爬行动物的终结，也见证了全部的菊石（Ammonites）和许多开花植物的灭绝。为什么这么多生命会突然消失？人们对此争论不休。有一种古老的观点认为，恐龙因体型庞大而行动迟缓，所以不能适应气候的变化。然而1980年，资深的核物理学家路易斯·阿尔瓦雷斯（Luis Alvarez）和他的儿子、

地质学家沃尔特·阿尔瓦雷斯（Walter Alvarez）一起提出了一个更好的理论：在大灭绝时期，恰好有一块巨大的陨石掉了下来，它导致大片的土地被烧焦，巨量的尘雾飘进了大气层，让地球表面连续多年不见太阳，正是这样的恶劣条件导致当时世界上3/4的生命灭绝。阿尔瓦雷斯父子的证据是一种"被撞过"的石英，这种矿物只可能在非常猛烈的撞击中形成，而在代表K-Pg边界的地层正好可以找到这种矿

路易斯·阿尔瓦雷斯（见右上图中左一）和他的儿子沃尔特在意大利考察K-Pg边界。

地质史上有过五次物种大灭绝（见下图），最近的一次发生在白垩纪–古近纪，其破坏力相对较弱。

物，它虽然只是薄薄一层，但几乎覆盖了整个地球。阿尔瓦雷斯父子的假说并没有指明撞击发生的地点，但人们后来在1990年发现撞击点应该在墨西哥南部的希克苏鲁伯（Chicxulub），那里有一个150千米宽的陨石坑，如今大部分已被加勒比海淹没。据估计，撞出它来的那块陨石宽度可能达到80千米。

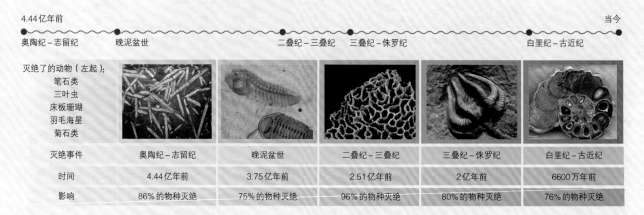

4.44亿年前   当今

奥陶纪–志留纪   晚泥盆世   二叠纪–三叠纪   三叠纪–侏罗纪   白垩纪–古近纪

灭绝了的动物（左起）：笔石类 三叶虫 床板珊瑚 羽毛海星 菊石类					
灭绝事件	奥陶纪–志留纪	晚泥盆世	二叠纪–三叠纪	三叠纪–侏罗纪	白垩纪–古近纪
时间	4.44亿年前	3.75亿年前	2.51亿年前	2亿年前	6600万年前
影响	86%的物种灭绝	75%的物种灭绝	96%的物种灭绝	80%的物种灭绝	76%的物种灭绝

92 火山泥流

火山爆发通常是一种突然且致命的悲剧。1985年，世界就目睹了这样一场悲剧，哥伦比亚的阿尔梅罗（Armero）镇遭到摧毁。不过现在知道此事的人已经不多了。

1985年11月13日晚，位于哥伦比亚托利玛省的内瓦多·德·鲁伊斯（Nevado del Ruiz）火山爆发了。这次爆发并不意外，因为两个月之前，火山学家就发出警告说这座火山的活动在增加。然而，当地社区对此并不太担心，因为从历史上看，这座火山的爆发从未危及过有人居住的地区。但是，在这次喷发中，火山碎屑流（是快速流动的气体）携带着过热的火山灰，把山上的冰川给融化了，引发了一连串的洪水和泥石流。这种现象也叫"火山泥流"（Lahar）。总共有4大股火山泥流以50千米/小时的速度向山下俯冲。这些泥流汇聚进沟壑之后，速度进一步提升，冲入由这座山的分水岭发源的6条主要河流。在距离火山爆发点约20千米的一条支流处，其中两股泥流汇合在一起，继续下坡行进了15千米，然后袭击了阿尔梅罗镇。镇上29000名居民当时大多数都在睡梦中，湍急的水流就这样夹杂着泥浆和岩石吞没了房子，超过20000人丧生。这次火山泥流还袭击了其他一些城镇，又造成3000人遇难。其实，如果遵守疏散程序，这场20世纪规模第二大的致命火山灾难在很大程度上是可以避免的。

这是发生在印度尼西亚某山区的一场火山泥流，它在群山中留下一道疤痕。（见下图）

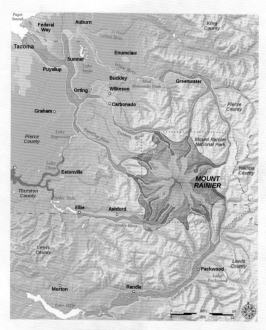

美国地质调查局制作的上面这幅地图显示了华盛顿州雷尼尔（Rainier）火山周围的危险区域。绿色、橙色和红色标记的区域分别代表不同等级的火山泥流威胁。

93 臭氧层空洞

在20世纪20年代后期，出现了一大类可以作为制冷剂和推进剂的人造气体——氯氟化碳（chlorofluorocarbons），也写作"全氯氟烃"（CFCs）。 比起此前具有同类功能的物质，它们的毒性更低，被认为是更安全的替代品，但最终也造成了全球性威胁。

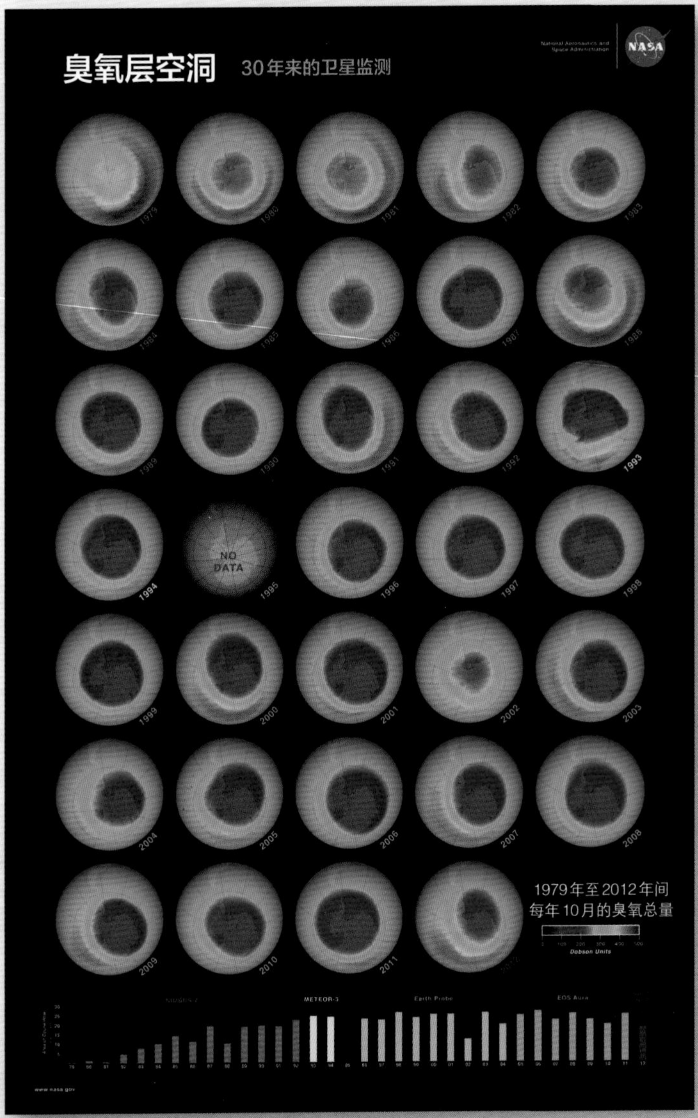

臭氧层空洞 30年来的卫星监测

1979年至2012年间每年10月的臭氧总量

生产商用氯氟烃（CFC）气体的是杜邦实验室，他们当时想寻找一种化学上呈惰性的物质。科学家们认为，在自然条件下，氯、氟、碳三种原子之间的化学键强大到永远不会断裂，所以这种气体不会构成威胁。在实验测试也证明了这一点之后，这种新气体就在罐状喷雾器和冰箱的生产中取代了过去那些有毒、易爆的化学物质。而它在每台机器上的使用价值一旦耗尽，就会被释放到空气中，没人再去惦记。

直到1973年，加利福尼亚大学的两位化学家——美国的F.舍伍德·罗兰（F. Sherwood Rowland）和墨西哥的马里奥·莫利纳（Mario Molina）才仔细研究

左边这组图片让我们见证了臭氧层空洞在过去几十年里不断扩大又有所缩小的过程。蓝色表示高层大气中的臭氧被耗尽的区域。

了氯氟烃对大气的作用。他们发现，氯氟烃会先到达大气平流层的中部，然后被紫外线辐射分解掉。两人随后意识到，该分解过程会释放出自由的氯原子，而氯原子会与平流层中的臭氧发生反应。（臭氧是氧的一种罕见形式，由三个氧原子结合成一个臭氧分子，而正常情况下的氧气分子只有两个氧原子。）诚然，臭氧对动物来说是有毒的，但这种分子会在平流层为我们提供一道抵御高能紫外线的屏障。1985年，英国南极调查局的一份报告指出，罗兰和莫利纳的担心是有道理的，因为氯氟烃已经在南极上空制造了一个巨大的臭氧层空洞。如果放任这种物质进一步在大气中积累，整个地球的臭氧层可能会消失。很多物种并不习惯暴露在有害的紫外线下，因此臭氧层一旦消失，后果难以估量。结果，全球在短短18个月之内就在《蒙特利尔议定书》中一致同意：在全球范围内禁用氯氟化碳。国际社会团结一致的例子并不多见，这算是其中之一。

马里奥·莫利纳（上图）、舍伍德·罗兰与荷兰的大气科学家兼臭氧层专家保罗·J. 克鲁岑（Paul J. Crutzen）分享了1995年的诺贝尔化学奖。

94 地球变雪球

"冰河时代"这个概念在100多年前就已逐渐被公认为事实。但1992年出现了一个更激进的想法：地球在遥远的过去是不是曾经冷到完全冻结的程度？这种突然的冰冻，是否与我们所知的生命兴起有关？

这个激进观点的核心术语是"雪球地球假说"（Snowball Earth hypothesis），这一假说是由美国地质学家约瑟夫·科什温克（Joseph Kirschvink）在1992年提出的。

不过，此时在地球物理学界，全球冰期事件已经被讨论了很长一段时间了：这种冰期在过去的某个时点不但可能发生过，甚至还发生过不止一次。其中有一个理论来自澳大利亚的地质学家道格拉斯·莫森（Douglas Mawson），他在该国的前寒武纪岩石中发现了冰川作用的证据——这表明，整个世界（至少是全世界的陆地）曾经全部被冰川覆盖，不然像澳大利亚这样的亚热带地区还有什么情况会完全结冰呢？值得指出的是，莫森的相关研究在20世纪50年代初就开始了，当时大陆漂移说还没有足够的证据来压倒反对的声音，所以莫森的推测中也没能体现出"澳大利亚曾经处于气温更低的纬度"这一想法。尽管如此，整个地球被全部冰冻的理论假说也从未被完全抛弃。

磁场信息

在20世纪60年代，对古地磁数据的研究是大陆漂移和板块构造研究的一部分。这些数据显示，当冰川沉积物堆满今天的斯瓦尔巴群岛和格陵兰岛的时候，这些陆地所在的纬度比今天更靠南，更接近热带。进一步的研究则表明，当时的冰期猛烈至极，即便是热带，海洋也会冻结成固体。

如何发生？何时发生？

可能导致全球冰冻的机制有好几种。比如，反照率（albedo）可能是诱因：地球变得更冷时，白色（冰雪）的面积更大，就会把更多的热量反射出去（见左侧图）。又如，二氧化碳突然减少也是有可能的，这将减弱地球的温室效应，导致地球比以前散失更多的热量。

反照率

根据上面三幅图，深色的表面会吸收光和热，而浅色的表面会反射这些能量。因此，地球表面的冰量越高，反照率（反射率）也就越高。20世纪60年代，苏联的气候学家米哈伊尔·布代科（Mikhail Budyko）提出，该过程可能会造成一个"反馈循环"，即由于太阳的热量被不断反射出去，已经冷却的气候会变得越来越寒冷。这是一种会把地球变成"雪球"的机制吗？

氧气灾难

今天的空气中含有21%的氧气，但这个数值并非自古以来一直如此。氧元素之所以存在于空气之中，是因为生物会通过光合作用不断把它抽取出来。在生命出现之前，地球大气中的二氧化碳比今天多得多。最早的生命形式也是不需要氧的，而当光合作用开始释放氧气时，这种气体对大多数地球生物来说显然都是"毒气"。氧气的进场，造成了大规模的生物灭绝，是为"氧气灾难"。这些带状的铁矿石（见右图）即形成于氧气与纯铁反应时，该反应的生成物是赤铁，外观为红色。这是当时空气中含氧量飙升的一个明确线索。

气候模型也支持比现在更冷的全球气候：如果地球表面大部分已经冰冻，那么其影响就是继续在很长一段时间内保持寒冷。根据科什温克的说法，"雪球地球"可能出现在地球上只有原生动物的时候，当时任何复杂生命都还没有诞生。科什温克认为，"雪球"状况持续了1亿年，其间，除了赤道附近的开阔海域，全球的海洋几乎都冻结了。还有一些科学家认为，当时的冰期也没有那么极端，将当时的地球描述为一个"冰球"（Slushball）更合适，也就是地球上的几个大区域有规律地融化和再冻结而已。"雪球"也好，"冰球"也罢，地质史上这个低温的时代现在已经叫作"成冰纪"（Cryogenian）了。另一个可能让地球变成"雪球地球"的冰期则是发生于24亿至21亿年前的"休伦冰河时期"（Huronian Glaciation），它是地球历史上最古老、最漫长的冰期，起因是光合作用不断发展，导致"氧气灾难"（Oxygen Catastrophe，见上方文本框）。氧气含量的迅速上升会造成二氧化碳水平的"崩塌"，带来更加寒冷的气候。

95 "阿尔戈"计划

1999年，一组海洋学家为了升级从大洋里收集数据的方式，在美国的马里兰州开会，以便制订一套综合观测计划。这次会议的成果就是"阿尔戈"（Argo）计划。

"阿尔戈"项目的每艘浮船寿命约为4年。目前有大约300个漂浮探测器（见下图）在同时工作。

20世纪90年代初发射的"杰森"（Jason）卫星用于监测海洋表面的形状（潮汐、风和洋流都会引发海面隆起和凹陷），而"杰森"这个名字来自传说中的希腊水手。因此，当海洋学家决定建立这个可以对"杰森"的数据进行补充的海洋调查系统时，他们决定将其以杰森的船命名，也就是"阿尔戈"（所以传说中这艘船的船

员就写作 Argonauts，即阿尔戈号的勇士们）。"阿尔戈"在短短8年的时间里就发射了3000个漂浮探测器，每个都能借助卫星通信网络把数据传回，这些数据可以制成实时的海洋温度和盐度变化状况图。根据设计功能，这些探测器还可以按照预定的间隔沉入海里，从水下不同的深度收集数据。这种下沉和上浮是通过改变一个橡胶囊的密度来实现的，具体的技术则是将油打入或抽出这个橡胶囊。到目前为止，"阿尔戈"的探测器已经传回了100多万笔读数。

96 制造月球

月球的半径约为地球的1/4。 对行星来说，这种体量的卫星实在有些偏大了。这样奇怪的卫星到底是怎么来的呢？

关于月球的起源，人类在20世纪的大部分时间里拥有的最佳理论都是达尔文的理论——这里说的不是查尔斯·达尔文，而是他的儿子乔治·达尔文，后者是一位天文学家兼地质学家。乔治·达尔文在19世纪和20世纪交会之时提出，地球在其"童年期"处于熔融状态，它自转得太快，所以会抛出一大块或很多块熔融状的岩石与金属，这些物质进入绕地球运转的轨道后，逐渐冷却并汇聚成月球。

月球岩石

这个被称为"分裂理论"的月球生成理论，最初不过是乔治·达尔文的一种想象，并无任何真凭实据。然而，到了20世纪六七十年代，令人难忘的"阿波罗计划"宇航员从月球带回了岩石之后，证据似乎变得清晰了：月球上的各种矿物质比例似乎与地球的地幔非常接近。如果说二者来自一团相同的物质，肯定说得通。由此，裂变理论成了明显的领跑者，领先于另外两个与之竞争的理论。第一个竞争理论是"共同吸积理论"，该理论认为地球和月球是由相同的原始物质各自独立形成

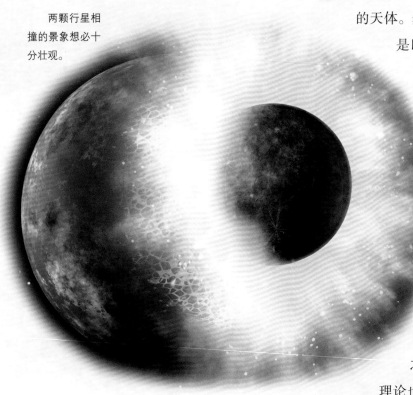

两颗行星相撞的景象想必十分壮观。

的天体。然而，该理论存在漏洞：如果二者是以相同的过程形成的，那么月球应该是地球的一个"微缩版"，但实际上地球有一个巨大的金属内核，这使得地球的密度几乎是月球的2倍，而月球的内核不但较小，而且通常被认为温度较低。第二个竞争理论是"俘获理论"，它认为月球只是在太阳系的其他地方形成的一颗小星球，有一次碰巧经过地球附近，落入了地球引力的控制范围之内，成为地球的卫星。然而这个理论也有不好解释的地方：其他行星捕捉卫星时，都是用稀薄的外层大气将太空岩石拖住，减慢其速度，才足以将其困在轨道上，而要捕捉到像月球这么大的天体，早期的地球必须有一个特别巨大且极为浓厚的大气层才行。

月球的正面

月球总是只向我们展示一个面。然而，它也在自转，只不过自转周期与它绕地球公转的周期是相同的。月球绕地球转一圈所需的时间，正好等于月球绕自己的自转轴转一圈所需的时间。因此，尽管二者都在持续自转，但月球的另一面总是被锁定在背对地球的方向上。这种关系是地球引力不断牵引月球的结果：它减缓了月球的自转，直到它与绕地球运行的周期同步，然后保持至今。

大飞溅

不论如何，地质学家总体来说并不相信裂变理论。经过多年的研讨，2000年又诞生了一种新理论，它甚至有一个令人印象深刻的名字"大碰撞假说"，也称为"大飞溅"（Big Splash）。通过一次次的计算机建模研究，大碰撞假说被修订到了当前的版本：地球最初的大小是如今的90%。大约44亿年前，在地球耗时几千万年把自己的轨道稳定下来之后，有一颗跟火星差不多大的行星出现了。这颗假想的行星叫"忒伊亚"（Theia），是古希腊神话中创造了太阳和月亮的女神。忒伊亚撞击了地球，但只是擦撞，力道不够粉碎二者，不过已经足以熔化二者的表面，形成岩浆质的海洋，这些岩浆物质合并在一起就是月球的雏形。这次撞击还从地球的地幔中"挖"出了一大块熔融物质，它形成了一个绕地球运转的光环系统，并最终撞入月球。这样，我们就可以解释为什么月球岩石中的矿物成分与地球的地幔如此相似，同时也可以解释为什么月球的金属核远远小于地球的金属核（地球的大部分金属都藏在地核的更深处）。对地球而言，大碰撞假说也能解释为什么它的金属内核占比要比一般的行星大——因为地球失去了它当初质量的1/6，失去的这部分变成了现在的月球。此外，忒伊亚的撞击让地壳变得非常稀薄而且容易开裂，这就让地球的构造表面呈现不断变化的状况，这一基本特征在其他行星身上未见踪影。

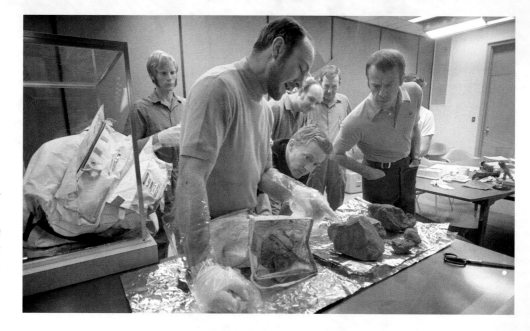

大碰撞假说始于这样一个发现：月球的岩石中充满了硅酸盐矿物，而它们与地幔深处的硅酸盐矿物是相同的。

月海

月球表面最明显的特征就是那些暗色的区域了。早期的观月者认为这些是月球上的水体，因此叫它们"海"。随后，人们开始给这些"月海"起名字，比如"静海"（Sea of Tranquility）。如今人们知道，月海只是由火山喷发物淹没低洼地区而形成的平原。尽管我们感觉月球背对我们的一面有很多月海（见右图），但这种地貌其实只占月球表面总面积的16%，因为月球背面基本都是崎岖的高地。关于这种不对称性，有一种解释说，月球既然是由"大飞溅"事件的碎片形成的，那就是由两个都很大但体积明显不一的物体结合起来的，这会让它一边的壳层比另一边更厚。形成月海的火山喷发活动很难强大到让较厚的一侧断裂，所以只能从较薄的一面释放出来。

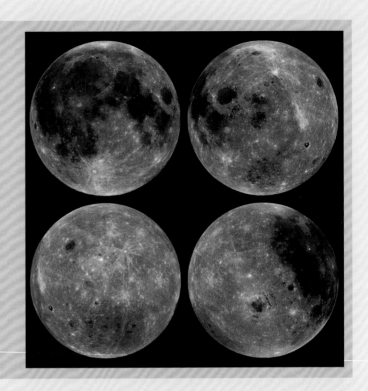

97 海啸

"海啸"（tsunami）在日语中的意思是"港波"（harbor wave），暗示出其危险、诡谲的性质。 2004年，一场大海啸让全世界意识到这种现象有多么致命。

2004年12月26日，印度尼西亚的黎明刚过，一场里氏9.1级的地震袭击了苏门答腊岛（该国的一个主要岛屿），其震中在这个岛北部的西侧海岸之外，那里是澳大利亚板块和印度板块交界的地方。这次地震是人类有记录以来的第三大地震，在大约9分钟的时间里，海床中有长达1400千米的断层像多米诺骨牌一样依次改变了状态，密度相对较低的澳大利亚板块岩层被抬升了40米，密度较高的印度板块边缘则扎进了它的下方。这次地震释放的能量相当于投放在广岛那颗原子弹的23000倍，甚至让整个地球的自转轴都偏离原位1厘米。

海浪的冲击

15分钟后，为保护夏威夷而设立的海啸预警系统侦测到了这次地震，然而也做不了什么。又过了5分钟，苏门答腊岛上的班达亚齐市（Banda Aceh）就被一股高达30米的巨浪袭击了，海水淹没了大部分建筑，超过17万人丧生。同时，海啸朝着四面八方扩散，在大约1小时后袭击了泰国的海滨，造成许多正在那里享受冬季假期的人死亡。跟班达亚齐一样，海啸也摧毁了那里的基础设施，导致救援人员难以抵达海岸，相关信息也难以及时传到其他有海啸隐患的地方。

地震发生2小时后，斯里兰卡的海岸也遭遇海啸。这个岛国的南部海岸全部被大浪侵袭，共造成

一位艺术家描绘了海啸的浪头逼近陆地时的景象。

早期预警系统

印度洋海啸之后，国际上建立了一个全球预警系统，它能与已经在太平洋建立的预警系统相匹配。海床上被设置了相关的地震仪，用来监测那些离陆地很远的地震。这些数据会传送到控制中心，如果有必要，即可立刻下达疏散命令。

该地区3万居民死亡。差不多在同一时间，海啸也到达了印度东部和缅甸。大浪继续在印度洋上移动，并在这个过程中逐渐减弱。然而，哪怕是地震已经过了8小时，仍然有10米高的浪头冲到了肯尼亚和索马里，并造成300人遇难。当天之内，这场"2004年印度洋海啸"（更正式的名称是"苏门答腊–安达曼地震"）即在14个国家导致227989人失去生命。

沉默的杀手

如果没有一个广泛的预警系统（见上页文本框），海啸是很难防御的。海啸经常被误称为"潮汐波"（tidal waves），但它们与潮汐的涨落完全不相关。其实，把海啸理解为"地震引发的海浪"才是更恰当的，因为它是由大量的海水发生位移而引起的。当然，除了地震和火山爆发，海底岩石发生滑坡、冰川崩解出冰山，还有陨石撞入大海，都可能造成海啸。有记载的海啸浪头高度纪录达到524米，这个超级巨大的海浪出现在美国阿拉斯加州的利图亚（Lituya）湾，是由冰块掉落这个陡峭的海湾造成的。

海啸的波浪与一般的海浪相比，波长特别长，两个相邻波峰之间的距离可达500千米，所以它给普通海平面造成的高度变化几乎无法察觉。就这样，海啸可以在海上以800千米/小时的速度移动，只有到达较浅的水域并开始被海床牵制时，浪头才会开始减速，并明显高过周围的海面。这也解释了为什么日本人把海啸称为"港波"：水手们在外海不会意识到这种波浪的存在，但它到达海岸附近后就会突然上升。

海啸通常由一系列的波（仅指其内部的波列）组成，这些波会以几分钟或几小时的间隔相继到达。由于海啸本身运载了大量的水，所

海床上的异动会推挤出一股水流，从而使其在水面上产生不停移动的波浪。这些波浪进入较浅的水域后，速度会减慢，但高度会增加，直到撞向陆地。（见下图）

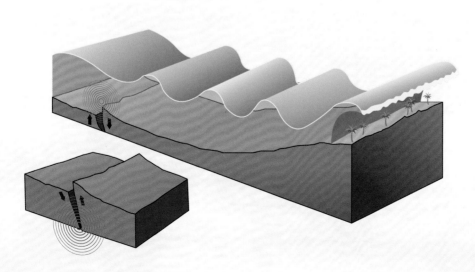

文化中的海啸

发明了"海啸"一词的日本,遭受过比其他任何一个国家都多的地震和海啸。日本的民间故事中,经常有危险的怪兽从海里冒出来摧毁整个城市之类的情节。法国作家伏尔泰写于1759年的小说《老实人》则把故事背景设在1755年海啸期间的葡萄牙里斯本,用来讥讽当时被广泛讨论的乐观主义哲学。(见右图)

以在海啸刚开始的时候,通常会见到海岸附近的海水被卷走,仿佛潮水快要退去一样。而当海啸在几分钟之后降临时,它看起来不一定是破碎状的波浪,而会是沿着海岸迅速上涨的潮水——"潮汐波"这种错误叫法就由此而来。然而海啸毕竟不是一般的波浪,它会流向内陆,水位远远超过正常的大浪。

98 地球之水从何来

在已知的行星中,地球是唯一表面存有液态水的。但是,为什么地球有这么多水呢?它们都是从哪里来的? 2014年,一艘不载人的飞船朝着外太空出发了,它要调查这个问题的一种可能的答案。

在太阳系中,水并不算是稀有物质,然而这里大部分的水都冻结了,以冰的形式存在。据人类目前所知,没有因为寒冷的环境而结冰的水,在太阳系里是极为少见的,没有因为气压低而蒸发掉的水也同样珍稀。而在表面存有液态水的行星只有一个,那就是地球。这要归功于地球与太阳的距离远近适中,所以表面大部分区域

水在地球系统中的分布比例
（不含地幔中的水）（见下图）

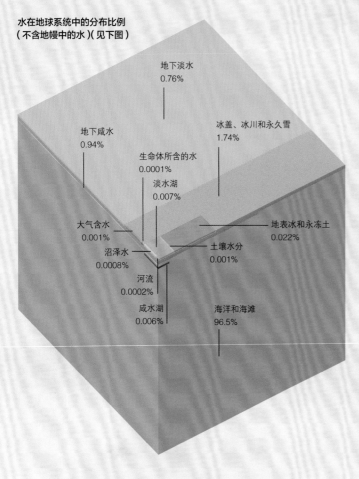

地下淡水
0.76%

地下咸水
0.94%

冰盖、冰川和永久雪
1.74%

生命体所含的水
0.0001%

淡水湖
0.007%

大气含水
0.001%

地表冰和永冻土
0.022%

沼泽水
0.0008%

土壤水分
0.001%

河流
0.0002%

咸水湖
0.006%

海洋和海滩
96.5%

水存在于地球这个系统的各个部分。水蒸气的大部分都在大气的底层。上面的示意图没有包含地幔中的水，而地幔的含水量可能比地球表面已经发现的还多。

的温度能保持在水的冰点以上、沸点以下。然而，地球的情况也并不总是如此，比如地球年轻的时候一定比现在热得多。因此，我们可以提出这样的疑问：地球表面一直都有海洋吗？它是否曾经完全干涸过？

水自内部出

地球最初形成时的物质中，肯定含有水（很可能是以固态，也就是冰的形式存在），这些水与冻住的二氧化碳、甲烷和一些其他气体（如氢和氦）混合在一起。无数次猛烈的陨石撞击，尤其是据推测造成月球诞生的那次"大飞溅"撞击（参看本书第183页），都很可能使岩石汽化，所以地球早期的大气层应该是由岩石的蒸气组成的！这类气态物质会在短短几百年之后变回坚硬的岩石，然而也会剩下某些物质，这些剩余物组成了后来的大气，比如水蒸气和二氧化碳。二氧化碳在大气中的含量可能升降了很多次，但水蒸气则一直在从地球内部被"排出"，这导致有越来越多的水分聚集在大气中。目前发现的锆石晶体已有44亿年的历史，由此可以推断

地下海洋

"林伍德石"（ringwoodite）是硅酸镁在高压和高温下形成的，存在于地表下方600千米处的地幔中。这种来自地幔的晶体自身传达了一些信息，说明它是在水中形成的。这就表明地幔也可能非常潮湿，包含的水量或许是地表的3倍。

当时地球上至少有一部分的表面已经是固态的了，从那以后也一直如此。然而这里有个至关重要的条件：锆石是需要液态水才能形成的。在早期地球那富含二氧化碳的大气中，水可以在高达230摄氏度的条件下仍然保持液态！在这种情况下，大气中的水蒸气会形成地球上最早的云，并带来历史上第一场降雨。这些水在地表的聚集区，后来就变成了海洋盆地，这个机制直到如今依然存在。不过，地球系统内的水是否包含了如今地表能看到的所有形式的水呢？地球上的水是不是有很多来自外太空呢？

水从外边来？

"彗星"（comet）一词源于希腊语，意为"有头发的星"，意指这些偶尔光临地球的星星会拖着有条纹质感的尾巴。然而，这种天体的另一个昵称"脏雪球"其实更为贴切，因为它正是由水冰、灰尘和类似煤烟的物质混合而成的。彗星来自太阳系的遥远边缘，其物质都是各大行星形成时遗留下来的。有人猜测，地球上或许有大量的水最初来自彗星，因为在地球诞生的最初几亿年间，有数百万颗彗星撞击了地球。2004年，欧洲将一个名为"罗塞塔"（Rosetta）的彗星探测器发射升空，

它在10年后遇到了第67号周期彗星"丘留莫夫-格拉西缅科"（该星更通用的名字是"67P"），位置是在火星公转轨道之外很远的地方。"罗塞塔"将一枚着陆器发往67P表面，它与绕飞67P的轨道器一起分析了该星所含的水有哪些化学特征（当然还执行了其他一些任务）。结果显示，至少67P上的水和地球上的水并不一样——地球上海洋里的水大概不是来自太空的。

彗尾内部的冰被太阳加热后就开始流失，表现为夹杂了很多灰尘的水蒸气条纹。（见右图的67P及其彗尾）

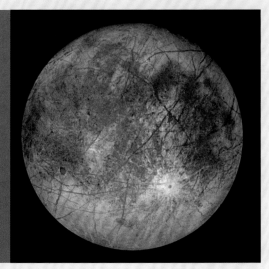

已知的最大海洋

  遍布地表的海洋令人印象深刻，但它们甚至都不是太阳系中最大的海洋。木卫二（Europa）是木星的第二大卫星，它的表面完全由固态的水构成，上面布满裂纹、裂缝，还有只会喷出泥浆而非熔岩的火山。木星的潮汐力使木卫二内部的物质弯曲并交叠，这颗卫星因此保持了足够的温度，其表面的冰层下也就有了液态水。木卫二上这片隐藏的海洋可能有100千米深，含水量达到地球所有海洋水量总和的3倍。

99 海洋清理

1988年，美国国家海洋和大气管理局首次记录了"大太平洋垃圾带"（Great Pacific Garbage Patch），当然这个称呼是后来才有的。 看起来，连广阔的海洋都已经被胡乱丢弃的塑料垃圾侵袭了。过了30年，终于有一套清理系统开始运作。

  组成"大太平洋垃圾带"的，是几十年来被冲进太平洋并被困在北太平洋环流中的垃圾。所谓环流就是路径循环的洋流，其中的海水会慢慢地环行流动。诚然，所有的海洋上都有漂浮的垃圾带，但北太平洋区域特别多，主要因为当时对塑料的处理太过随意（特别是当时的亚洲）。这些垃圾并不像人们想象的那样是挤成一大片、向四面八方扩散的废旧塑料，事实上，由于塑料碎片太小，间隔又太大，无论从飞机上还是卫星上都探测不到。不过，这些垃圾确实分布在夏威夷和加利福尼亚之间，研究人员认为它们分散在广达160万平方千米的海面上，而在其中心区域，

解决海洋污染问题的方法之一是，开发出从海里清除塑料和其他垃圾的可行方法。当然，另一种方法是减少塑料的使用，并确保废旧塑料得到妥善处理。

每平方千米的海面容纳了100千克垃圾。这就是说，总共8万吨的塑料垃圾，实际上是由多达18000亿块碎片组成的。而在这片垃圾带之外，从一条条深海沟，直到北极冰盖，塑料碎片也是随处可见。

2018年，非营利组织"海洋清理"（Ocean Cleanup）推出了一种测试版的清扫系统，打算使用浮动的栅栏来清扫太平洋上的垃圾（见下图）。这个测试版进行了两个月的实地检验，只收集到2吨废塑料，这表明它还需要改进。该组织正计划在太平洋再部署60套2千米规格的清洁系统。

100 走向"行星科学"

今天，在任何太空科学团队中，都少不了地球科学家作为重要成员，他们的技能会用在外星探测器的设计之中。由此，类似于在我们自己的行星上做过的那些地球科学研究，这些探测器可以替我们对其他行星也做一次，帮我们了解这些新的世界。

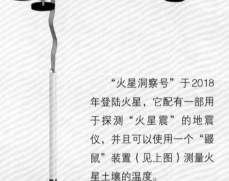

"火星洞察号"于2018年登陆火星，它配有一部用于探测"火星震"的地震仪，并且可以使用一个"鼹鼠"装置（见上图）测量火星土壤的温度。

1960年，尤金·休梅克毫不怀疑地指出，太空中的岩石和地球上的岩石是由同样的物质构成的（参看本书第162页）。然而，这并不影响蓬勃发展的空间科学领域对地球附近的卫星和行星开展积极主动的近距离观察。人类的第一次"行星际"的飞行任务是对火星的抵近飞行，探测器只有几分钟的时间来近观火星。这次任务揭示了火星的表面特征，并帮助人们分析了火星大气的化学成分。1971年，"水手9号"探测器进入绕火星飞行的轨道，帮助行星科学迈进了一大步。这部轨道器能给这颗红色行星的几乎全部表面绘制地图，并显示出奥林匹斯山（Olympus Mons）和水手谷（Valles Marineris）等地貌。奥林匹斯山是一座比珠穆朗玛峰高出1倍还多的火山，其面积大到足以覆盖美国的亚利桑那州；水手谷则

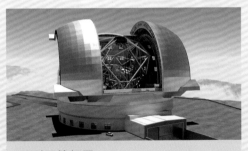

观测系外行星

人类已知的行星中，99%以上都不属于太阳系。这些"系外行星"中的大多数即使使用望远镜也无法观测到，但"欧洲极大望远镜"（European Extremely Large Telescope）将会改变这种状况。这部建在智利的望远镜的主镜直径为39米，其设计者说，它能够清楚地直接看到系外行星，甚至探测其大气中的化学物质。

是一个深达7千米的巨大峡谷。

若要再进一步，就要发射着陆器。着陆器的一次早期任务证明，这种探测对金星来说是不切实际的——金星稠密的酸性大气对航天器来说太致命了。但是，也有很多成功的探测任务，它们把着陆器送到了小行星、彗星上，还送上了土卫六。当然，火星一直是行星科学的最大焦点，有好几部轨道器、着陆器乃至火星车在那里工作，其主要任务是在火星的岩石和大气中寻找水和生命的迹象。说不定有朝一日，人类探险者也会登上火星，而我可以打包票的是：这类探险队一定会包括地球科学家。

下一步

登陆火星的重大任务正在陆续进行中。2018年，一部名为"火星生命"（ExoMars）的微量气体轨道器开始在火星大气中寻找甲烷，因为甲烷可能是生活在火星岩石中的生命（类似于地球上吃岩石的微生物）的产物。这部轨道器还测试了一个着陆系统，该系统将在未来几年用于把新的火星车"罗莎琳德·富兰克林"（Rosalind Franklin，见下图）送到火星表面。此前的火星车配备有微型的研磨机和岩石刮刀，但这辆火星车将携带一个2米的钻头，其深入探查火星岩石的能力超过了以往任何设备。

地球科学：基本知识

前文所有发现都意味着什么呢？地球科学帮助我们飞天入地，在大气层中摸到太空的门口，在山海之下探查深埋的奥秘。而对于坐在书房里的"探险家"们来说，以下这些基本知识可能会派上用场。

岩石的形成

火成岩 这些岩石是岩浆（岩石的各种物质成分的热液混合物）冷却后，变成固体结晶时形成的。岩浆存在于地球深处，如果喷发到地表，就是我们所说的熔岩。火成岩的矿物组成取决于岩浆中的化学物质，最常见的是富含硅的化合物，它们会变成浅色的火成岩，而含有铁、铝和其他金属的火成岩则是深色的。

沉积岩 虽然火成岩在地壳深处更常见，但地壳表面所见的岩石中大约80%是沉积岩。沉积岩是由岩石颗粒、矿物和其他化学物质等的碎片与碎屑在岩层中沉淀形成的，这些破碎的物质经过数百万年的压实，粘在了一起。沉积岩的硬度低于火成岩，因为它只是以化学方式胶合在一起的众多碎块。

变质岩 温度和压力的极端变化，会改变矿物的物理和化学性质，从而把岩石转化成变质岩这种新的类型。任何岩石都可以变质，不仅火成岩、沉积岩可以，甚至变质岩本身也可以再变质。这种变质过程通常十分剧烈，以致只看变质岩本身很难确定它变质之前属于哪类岩石。

制造岩石

岩石是多种物质的集合，这些物质就是矿物质，即天然存在的各种固体化合物。已知的矿物大约有3000种，像祖母绿和钻石这样的宝石就属于矿物，而一些实用的化学物质如滑石粉、石棉和石膏也属于矿物。然而，绝大多数岩石的成分都是为数不多的几种矿物质，其元素主要是硅和氧。有些矿物就是在地球表面形成的，比如金属氧化物和碳酸钙，但还有些矿物是从地球的童年期开始就存在的原始物质，比如硅酸盐。地球深处翻腾的岩浆也以矿物为主要成分，岩浆冷却后变成火成岩。地壳表面形成的火成岩通常出现在海底，比较可能是玄武岩；在地下形成的火成岩则通常是花岗岩，构成陆地的岩石中，70%是花岗岩。各式各样的火成岩是其他所有岩石类型的源物质，它们可以通过岩石循环相互转化，如下图所示。

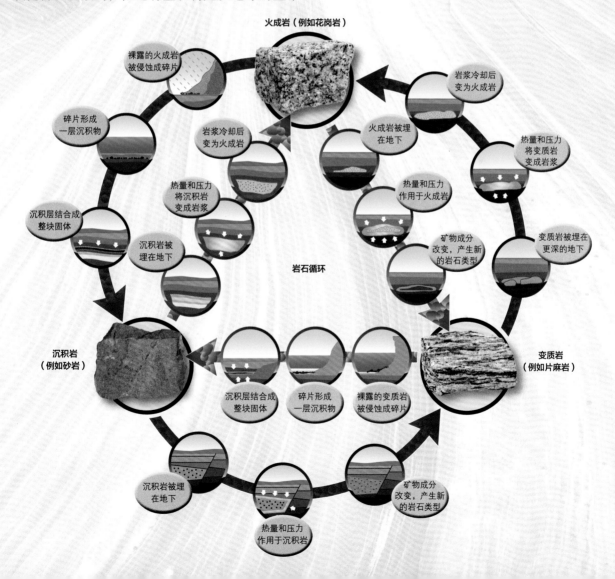

地质时间尺度表

地球的历史太长，所以最好用"地质时间尺度"来梳理。我们把地球的自然史分为一系列的时间段，最长的是"宙"（eon），"宙"下分为"代"（era），"代"下分为"纪"（period），"纪"下分为"世"（epoch），"世"下还可以分"期"（ape），所有这些尺度都以"百万年"为单位来衡量。（译者注：宙、代、纪、世、期都是时间意义上的，它们对应到地层意义上的术语分别为宇、界、系、统、阶。）此类划分代表着化石记录或岩石记录在全球范围内的变化，其中每一个时间段都能让地质学家识别出世界各地那些年代相同的岩石，从而便于我们梳理地球走过的演化之路。右边的表格分为三列展示，它只涵盖了显生宙（Phanerozoic），对应的时间起点是大约5.4亿年前，即复杂生命出现之时。我们平时在地表看到的岩石，大部分都属于显生宙的产物，然而显生宙只占地球45亿年历史的1/10强。

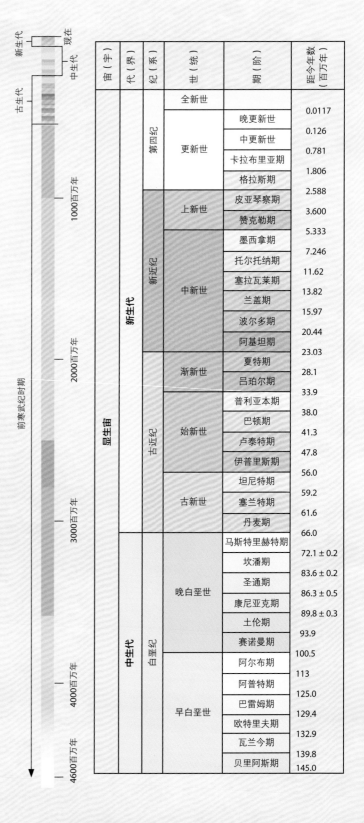

宙（宇）	代（界）	纪（系）	世（统）	期（阶）	距今年数（百万年）
显生宙	新生代	第四纪	全新世		0.0117
			更新世	晚更新世	0.126
				中更新世	0.781
				卡拉布里亚期	1.806
				格拉斯期	2.588
		新近纪	上新世	皮亚琴察期	3.600
				赞克勒期	5.333
			中新世	墨西拿期	7.246
				托尔托纳期	11.62
				塞拉瓦莱期	13.82
				兰盖期	15.97
				波尔多期	20.44
				阿基坦期	23.03
		古近纪	渐新世	夏特期	28.1
				吕珀尔期	33.9
			始新世	普利亚本期	38.0
				巴顿期	41.3
				卢泰特期	47.8
				伊普里斯期	56.0
			古新世	坦尼特期	59.2
				塞兰特期	61.6
				丹麦期	66.0
	中生代	白垩纪	晚白垩世	马斯特里赫特期	72.1 ± 0.2
				坎潘期	83.6 ± 0.2
				圣通期	86.3 ± 0.5
				康尼亚克期	89.8 ± 0.3
				土伦期	93.9
				赛诺曼期	100.5
			早白垩世	阿尔布期	113
				阿普特期	125.0
				巴雷姆期	129.4
				欧特里夫期	132.9
				瓦兰今期	139.8
				贝里阿斯期	145.0

宙（宇）	代（界）	纪（系）	世（统）	期（阶）	距今年数（百万年）
显生宙	中生代	侏罗纪	晚侏罗世		145.0 ± 0.8
				提塘期	152.1 ± 0.9
				钦莫利期	157.3 ± 1.0
				牛津期	163.5 ± 1.0
			中侏罗世	卡洛夫期	166.1 ± 1.2
				巴通期	168.3 ± 1.3
				巴柔期	170.3 ± 1.4
				阿林期	174.1 ± 1.0
			早侏罗世	托阿尔期	182.7 ± 0.7
				普林斯巴期	190.8 ± 1.0
				辛涅缪尔期	199.3 ± 0.3
				赫塘期	201.3 ± 0.2
		三叠纪	晚三叠世	瑞替期	208.5
				诺利期	227.0
				卡尼期	237.0
			中三叠世	拉丁期	242.0
				安尼期	247.2
			早三叠世	奥伦尼克期	251.2
				印度期	252.17 ± 0.06
	古生代	二叠纪	乐平世	长兴期	254.14 ± 0.07
				吴家坪期	259.8 ± 0.4
			瓜德鲁普世	卡匹敦期	265.1 ± 0.4
				沃德期	268.8 ± 0.5
				罗德期	272.3 ± 0.5
			乌拉尔世	空谷期	283.5 ± 0.6
				亚丁斯克期	290.1 ± 0.26
				萨克马尔期	295.0 ± 0.18
				阿瑟尔期	298.9 ± 0.15
		石炭纪	宾夕法尼亚亚纪 上	格舍尔期	303.7 ± 0.1
				卡西莫夫期	307.0 ± 0.1
			中	莫斯科期	315.2 ± 0.2
			下	巴什基尔期	323.2 ± 0.4
			密西西比亚纪 上	谢尔普霍夫期	330.9 ± 0.2
			中	维宪期	348.7 ± 0.4
			下	杜内期	358.9 ± 0.4

宙（宇）	代（界）	纪（系）	世（统）	期（阶）	距今年数（百万年）
显生宙	古生代	泥盆纪	晚泥盆世		358.9 ± 0.4
				法门期	372.2 ± 1.8
				弗拉期	
			中泥盆世	吉维特期	382.7 ± 1.6
				艾菲尔期	387.7 ± 0.8
			早泥盆世	埃姆斯期	393.3 ± 1.2
				布拉格期	407.6 ± 2.6
				洛赫考夫期	410.8 ± 2.8
		志留纪	普里道利世		419.2 ± 3.2
			罗德洛世	卢德福特期	423.0 ± 2.3
				高斯特期	425.6 ± 0.9
			温洛克世	侯默期	427.4 ± 0.5
				申伍德期	430.5 ± 0.7
			兰多维列世	特列奇期	433.4 ± 0.8
				埃隆期	438.5 ± 1.1
				鲁丹期	440.8 ± 1.2
		奥陶纪	晚奥陶世	赫南特期	443.4 ± 1.5
				凯迪期	445.2 ± 1.4
				桑比期	453.0 ± 0.7
			中奥陶世	达瑞威尔期	458.4 ± 0.9
				大坪期	467.3 ± 1.1
			早奥陶世	弗洛期	470.0 ± 1.4
				特马豆克期	477.7 ± 1.4
		寒武纪	芙蓉世	第十期	485.4 ± 1.9
				江山期	489.5
				排碧期	494.0
			第三世	古丈期	497.0
				鼓山期	500.5
				第五期	504.5
			第二世	第四期	509.0
				第三期	514.0
			纽芬兰世	第二期	521.0
				幸运期	529.0
					541.0 ± 1.0

大陆漂移

人们在世界各地都发现了多种成分相同、年代也相同的岩石，这表明，这些岩石是在同一个地方形成的，但后来分裂了，并开始在全球"漂流"。地质学家绘制了下面这些陆地分布图，向我们呈现陆地是如何在漫长的地质年代里漂移，并改变海陆格局的。我们可以从中领略过去3.8亿年间的大陆漂移过程，这个过程始于第一批四足脊椎动物出现在海里，并开始移居到陆地上生活的时候。

3.8亿年前

这是泥盆纪的中期，人类对比它更早的大陆形成过程暂时还不太了解，但至少已知这时的地球有三块大陆。

2亿年前

这是侏罗纪时期，恐龙和哺乳动物开始出现，各块大陆也已经合并。这时地球上所有的陆地连成了一块超级大陆，也叫"泛大陆"。

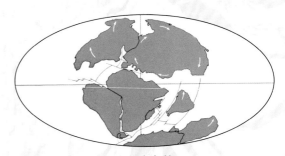

1.35亿年前

这是白垩纪时期，也是爬行动物时代的鼎盛期。此时各块大陆开始形成，并逐渐分裂。

0.5亿年前

恐龙灭绝后，地球上的优势物种已经是鸟类和哺乳动物了。这个时候，南美洲和北美洲还没有连接起来。

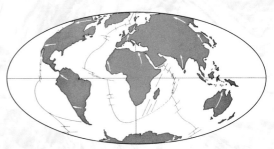

现在

大陆的漂移一直在持续，而且至今也没有停止。不过，如今的海陆格局基本成形于约800万年之前，当时我们的猿类祖先已经开始在森林之外的草原上生活。

鉴别岩石的流程

有些岩石只要看一眼就能确认种类，比如砂岩、花岗岩。不过，要想准确识别大多数的岩石类型，就离不开更多的细致工作。我们可以跟着这里的流程图来学习，此外需要准备一只放大镜、一枚钢钉、一块玻璃瓷砖。

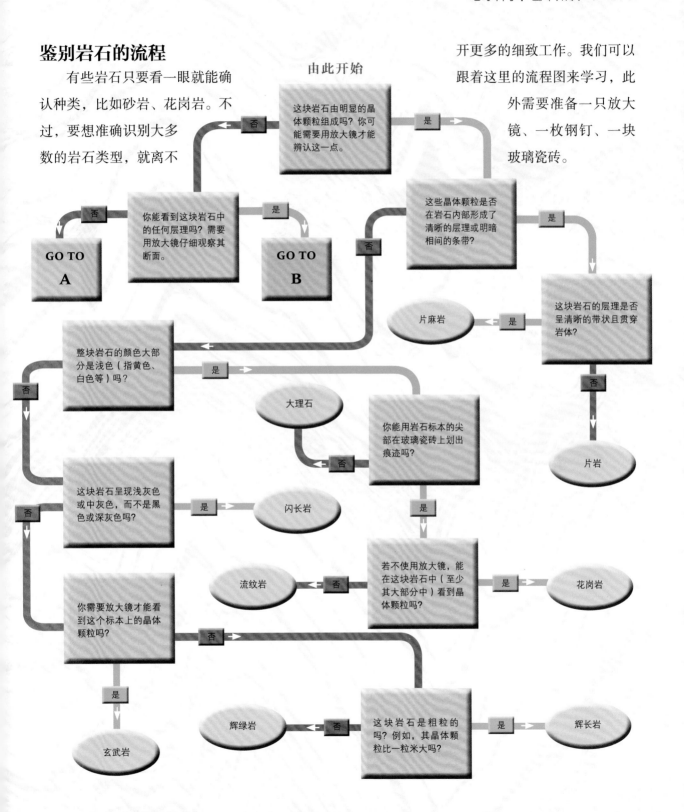

由此开始

这块岩石由明显的晶体颗粒组成吗？你可能需要用放大镜才能辨认这一点。

否

你能看到这块岩石中的任何层理吗？需要用放大镜仔细观察其断面。

否 → GO TO A

是 → GO TO B

是 → 这些晶体颗粒是否在岩石内部形成了清晰的层理或明暗相间的条带？

是 → 这块岩石的层理是否呈清晰的带状且贯穿岩体？

片麻岩

否 → 片岩

整块岩石的颜色大部分是浅色（指黄色、白色等）吗？

大理石

你能用岩石标本的尖部在玻璃瓷砖上划出痕迹吗？

这块岩石呈现浅灰色或中灰色，而不是黑色或深灰色吗？

闪长岩

流纹岩

若不使用放大镜，能在这块岩石中（至少其大部分中）看到晶体颗粒吗？

是 → 花岗岩

你需要放大镜才能看到这个标本上的晶体颗粒吗？

玄武岩

辉绿岩

这块岩石是粗粒的吗？例如，其晶体颗粒比一粒米大吗？

是 → 辉长岩

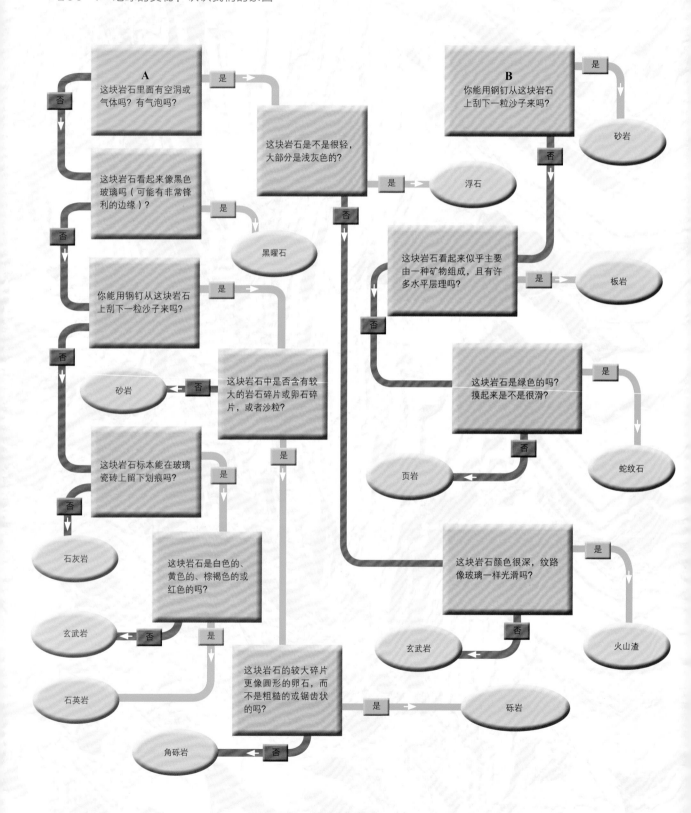

A
这块岩石里面有空洞或气体吗？有气泡吗？

B
你能用钢钉从这块岩石上刮下一粒沙子来吗？

这块岩石看起来像黑色玻璃吗（可能有非常锋利的边缘）？

这块岩石是不是很轻，大部分是浅灰色的？

浮石

砂岩

黑曜石

这块岩石看起来似乎主要由一种矿物组成，且有许多水平层理吗？

板岩

你能用钢钉从这块岩石上刮下一粒沙子来吗？

这块岩石中是否含有较大的岩石碎片或卵石碎片，或者沙粒？

砂岩

这块岩石是绿色的吗？摸起来是不是很滑？

页岩

蛇纹石

这块岩石标本能在玻璃瓷砖上留下划痕吗？

石灰岩

这块岩石是白色的、黄色的、棕褐色的或红色的吗？

这块岩石颜色很深，纹路像玻璃一样光滑吗？

玄武岩

火山渣

玄武岩

石英岩

这块岩石的较大碎片更像圆形的卵石，而不是粗糙的或锯齿状的吗？

砾岩

角砾岩

天气

地球的大气层与其他行星相比，表现出一种对"两个极端"的包容。一方面，它是最稳定的大气，其温度波动范围不大，最冷处和最热处的温差一般不超过100摄氏度，地表附近绝大多数地方的气温更是彼此相差不远。但据我们所知，在另一方面，地球的大气层又是最易变化的。其他行星上的空气流动乃至风暴往往比地球上的更剧烈，规模也更大，且这种躁动几乎是持久的，平静时期仅是其中的点缀。而地球大气则不同，它一直在改变具体的状态，各个地点的大气运动类型经常截然不同，且瞬息万变。我们把这种不断变化的状态称为"天气"，关于它的知识，在农业、水运、航空旅行和日常生活中有许多实际用途。

千变万化的云总是在向我们展示大自然的美丽。诚然，它们并不总是天气预报的可靠依据，但还是值得观察的。（见下图）

卷积云　卷云　日晕　卷层云　积雨云　高层云　高积云　透镜云　积云　雨层云　层云　层积云

云的覆盖 人类从文明的"婴儿期"开始就试图预测天气的变化。云为我们提供了一种明显的征象，如果看到带有某些特点的云在形成，就可能预知某些天气系统的到来。其中，最可靠的线索就是：如果整个天空乌云密布，那很可能快要下雨了！不过，有一种虽然滑稽但颇为真实的说法：千万不要指望通过观察云来预测天气，除非天气状况已经或多或少地来临了。气象学家至今也未能破解云层的密码，只是开发了一些技术（包括观测网络、雷达系统、气象卫星）来收集云层的当前位置信息，以及它们的动向。这些信息可以连同气温、气压等其他数据一起，被用来预测云的发展趋势，以及它们可能带来的天气。

天气锋面 大气中的空气团前缘，叫作"天气锋面"（weather front），天气的变化是与天气锋面的通过有关的。其中，"暖锋"（warm front）是指一团暖空气上升到一团冷空气之上，将冷空气推开。在暖锋出现前，云层的覆盖率会增加，也可能会起雾，然后它会以低空云层带来一场短暂的阵雨。暖锋过后，就是晴朗、平静的天气。至于"冷锋"（cold front），它是一种会钻进原地驻留的气团下方的锋面。在冷锋的后方，会隐隐出现高耸的雨云，它带来持续不断的大雨，雨中也许还有电闪雷鸣。而如果上升的气流足够强劲，雨水也会被推得更高，从而冻成冰雹。另外，假如雨滴在下落过程中穿过了冷空气，就有可能形成雪花。

从20世纪20年代起，气象学家开始以锋面系统的视角来解读各种天气模式。（见下图）

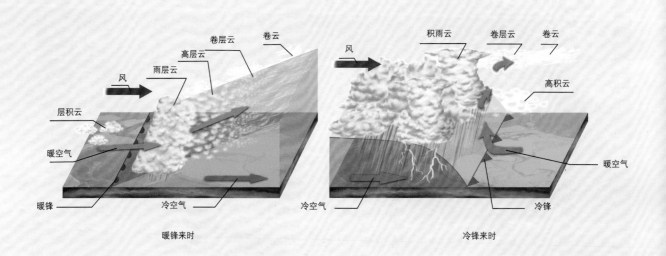

层积云　雨层云　高层云　卷层云　卷云

风

暖空气

暖锋　冷空气

暖锋来时

积雨云　卷层云　卷云

风

高积云

暖空气

冷空气　冷锋

冷锋来时

水循环 地球是一颗"水之行星"。液态的水变成冰或蒸汽，再变回来，在地球上是一个普遍存在的过程，而这个过程对我们理解地球科学十分重要。地球上的海洋拥有巨量的水，此外，大气中也有大约1%是水蒸气（尽管这一数值的波动很大）。另外，已经有越来越多的地质学家怀疑，在深层地壳和地幔中存在一个巨大的"蓄水池"。岩浆的流动性和化学组成都取决于它的含水量，而岩浆将形成什么样的岩石，也要受到含水量的影响。在地表，流动的水、冰川和冰原每时每刻都在磨蚀那些坚硬的岩石，这种磨蚀是岩石循环中的关键环节。当然，天气系统变化的驱动力至少也在一定程度上源于水的循环过程，即海洋和陆地上的水不断进入大气，然后形成云，再以雨的形式返回地面。

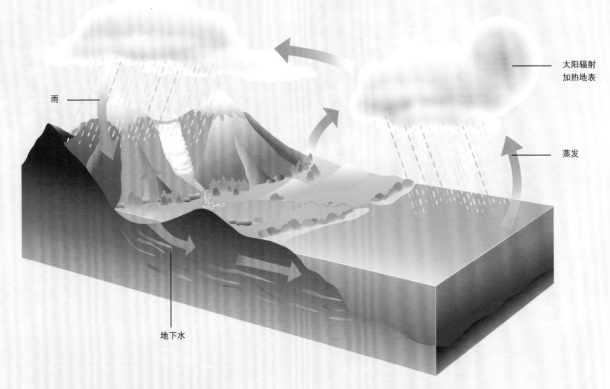

太阳辐射加热地表

雨

蒸发

地下水

水的循环是由太阳的热量驱动的。太阳的热量会让水蒸发，升入大气。这种蒸发的大部分都发生在海洋上，不过，当海水的蒸汽升空时，其中溶解的任何盐类都会被留在海里。因此，雨水是我们持续的、必要的淡水来源。（见上图）

气候区

我们可以按照气候的相似性，把陆地划分成多种大区域，例如具有相同的平均降雨量和相似的季节温度变化规律，就可以划为同一种区域。这样就能清楚地从右页的地图中看到：地球上的一些地区即使彼此相距遥远，也可以具有相同的整体气候特征——明显的例子之一就是荒漠，任何地区只要年降雨量不到250毫米，就是荒漠。特定的气候类型，可以为特定的野生动物群体创造一系列共有的栖息地（以及一系列要共同面对的生存挑战）。因此，粗略地说，一种植物如果能在澳大利亚的荒漠中

雪线
高山顶部的极度寒冷和强风造成了一种极地型的栖息地，终年被冰雪覆盖。

树线
在高海拔的山坡上，到了某个高度，树木就会由于温度太低、风太大而无法生长，这里只有苔原般的高山草甸会在夏季生长。

高山森林
随着海拔的升高，空气变得越来越稀薄，所以其保温的能力也越来越差。高处的生物栖息地气候与北方的森林相似，因此常见的高山树木都是针叶树。

山地森林
山脚一带的土壤层比较薄，水的流速又比低洼地区要快。因此，这些区域生长的森林往往含有一些低矮树种。

热带雨林
热带雨林是世界上养料最肥沃的一种生物栖息地，这里的丛林都位于降雨量很大（约为荒漠地区的40倍）的赤道地区，且一年到头阳光充足。

热带草原
这种生物栖息地每到雨季通常都有充足的降水，所以没有变成荒漠，而是长有一些高大的禾草和稀疏的乔木。它有一个更加广为人知的称呼——"稀树草原"（savannah）。

荒漠
这里每年的降雨量只有250毫米，这里的野生动物必须有办法找到水分并且能够保持水分才可以生存。在一般人的印象中，荒漠都在非常炎热的地方，但其实在非常寒冷的地方也不乏这种气候区。

半荒漠
这是一种干旱的自然栖息地，每年的降雨量是荒漠地区的2倍（500毫米），这使得它的特征介于热带草原和荒漠之间。

灌丛带
又称为"荒野"（heath）或"丛林"（chaparral），拥有小型的木本植物，其间混合着一些药草和牧草。这类植物由于生长环境干旱，经常受到火灾的侵扰。

生存，它也能在其他地方的荒漠中生存。其他的气候区域也跟它们所支持的野生动物群系或多或少地相等，因此我们才有了草原、森林之类的概念。而根据自然栖息地中的化石证据，以及一些因为有水（或缺水）而出现的物理后果、化学后果，我们就可以判断其岩石在形成时处于哪一种气候区。

温带森林	荒漠
北方森林	山地
草原	苔原
灌丛带	海洋
热带雨林	极地

极地

极地地区的温度很少升到冰点之上，所以其地面会被冰层覆盖。由于所有的液态水都被冻住，这里也是地球上最干燥的地方。再考虑到低温，这里的生物群系也成了最为稀疏的一种生物群系。

苔原

苔原的生物群系处于极地周围，大部分限于北半球。这里的地面会在寒冷冬天的作用下永久冻结，因此树木无法扎根，只能支持一些生长迅速的小型植物——它们利用短暂的夏季完成其生命周期，并为来年播下种子，比如牧草以及莎草（sedge）。

温带草原

森林需要大量的水，而温带地区的年降雨量较少，所以只能支持无树的草原，也叫"大草原"（prairie）"干草原"（steppe）和"潘帕斯草原"（pampas）。

温带森林

这种自然栖息地处于降雨量大、季节变化明显的地区，且春夏两季适合生物生长的周期较长。这里的树木会在秋天落叶，以减少冬季霜冻的伤害。

混交林

在平均气温更高的地方，夏季的生长期也变得足够长，落叶的乔木可以与针叶树类一起生长，这就是混交林。这种树林也会出现在降雨量较低的温带。

北方森林

也称"北方针叶林"（taiga）。在这类森林生长的地方，夏季太短，不适合落叶树木生存。因此，这里的树以常绿的针叶树为主，细小的蜡状针叶可以直接挺过寒冷的冬天。

未解之谜

地球科学逐渐为我们揭开了这颗行星的神秘面纱，并告诉我们这个世界的运作方式。然而，还有许多关于土地、空气和海洋的问题有待解答，这里不妨介绍几个。

人类改变了地球的地质状况吗？

此时此刻，地球表面上依然有岩石正在形成，这种由沉积物变成岩石的方式与亘古以来并无差别。这正是地质学的第一法则，对不对？不过，有些情况已经变了。现在进入岩石循环的物质碎片，已不再只有来自其他岩石或自然过程的可成岩矿物了——这些碎片已经混有人工制造的材料，比如要用显微镜才能看清的塑料碎渣、精炼油，以及被安装在核反应堆（甚至炸弹）

下图中的这片海滩上的物质将来形成的砂岩也必将含有塑料残渣。

对森林的砍伐也将改变沉积物的成分，这些沉积物会变成未来地球上的岩石。（见上图）

中的放射性金属。不出100万年的时间，这类物质就会成为岩石的一部分，而且那将是一种前所未见的全新类型的固体岩石。

这些"非自然"的岩石（或许也算不上真的"非自然"）对地球的未来倒也没有特定的威胁。毕竟，地球在很大程度上不受人类活动的影响——在漫长到难以想象的地质时间跨度中，一个薄薄的、仅对应着短短几千年的岩层即使有些不寻常，能起的作用也很有限。

然而，地质学家一定不会对这种变化给予更多的关注吗？他们只要在地质时间尺度上发现了任何全球性的变化，就会将其视为一种边界，划分出一个新的"世"，甚至一个新的"纪"。问题在于，我们人类改变大气和海洋化学成分的程度、改变地球上生命多样性的程度，是否足够值得划分为一个新的"世"？我们当今所处的"世"称为"全新世"（Holocene），开始于大约12000年前，即过去

未解之谜

最近的一个冰河时代的末期。人类历史中有记录的部分，全都处于这个最新的地质时期之内。现在有一种提法，认为我们已经进入了一个新的"世"，而且它已经有了名字——"人类世"（Anthropocene），意思类似于"人类的时代"。

地质领域的权威们仍然没有决定是不是要改写"地质时间尺度表"（参见本书第196~197页），把"人类世"也写进去。这个建议的背后有着强大的逻辑——人类的活动对地球造成的改变，已经足够给未来的地质学家留下痕迹。然而，目前的地质学需要考虑这个问题吗？如果回答是肯定的，那就等于向全世界发出一个信号，强调了人类对地球的影响，但它本身对地质学研究没什么用处。

自第二次世界大战以来，沉积物中就开始含有微量的人造放射性化学物质。（见下图）

人类所有的
精炼钢最终还是
会全部生锈，变
回自然中的氧化
物类矿物。（见
上图）

负责此类事务的国际委员会（国际地层学委员会和国际地质科学联合会）决定
暂缓讨论这种变更，因为这里有一个关键问题："人类世"何时开始？如果以陶器
的出现作为标志，那就已经比"全新世"的开头更早了，所以这个方案行不通。那
如果以19世纪煤矿和金属精炼厂开始改变沉积物的成分为标志呢？这类工业活动固
然会对当地的土壤造成巨大影响，但还不足以造成全球性的变化。或许，这个时间

未

解

之

谜

地球科学能帮我们控制气候吗？

大气中的二氧化碳和其他温室气体增加，就减少了地球向太空辐射的热量。这些额外的热能在大气和海洋中积累起来，会带来什么？当然是气候变暖。这可能会导致更加极端的天气，让本来普通的风暴变得更猛烈，让干旱持续的时间变长。此外，变暖也是海平面上升的原因之一，因为海水在变暖的过程中会轻微膨胀，这种效果累积起来，就体现为海洋体积的整体增加。还有更紧要的问题：在格陵兰岛之类的北极地区，淡水冰盖会因变暖而融化，额外的液态水也会流入海洋，加剧海平面的上升。举例来说，假如覆盖在南极洲大陆上的冰层全部融化，全球的海平面将上升60米。当然，不会有人觉得这种事会在短期内发生。

那么，人类有可能通过一定的管理让气候变得更好吗？解决这个问题的第一步或许是在能源领域广泛采用非化石燃料，以此减少碳排放。而另一种可选的策略是，减少照到地球上的阳光数量，比如在太空中展开巨大的镜子，反射掉一部分阳光；与之类似的想法还有用飞机向空中喷射细腻的粉末，用来阻挡光线。还有一种想法是，把多余的二氧化碳从空气中吸出来，具体手段包括用特定的化学物质来提取，然后泵入地下或者转化成危害较小（甚至有用）的物质。最后介绍的一个建议是利用海洋的"碳泵"效应，即海洋生命会将溶解在水中的二氧化碳转化为固体，将其作为自己身体的组成元素，比如贝壳就有这个本领。人们可以向海洋中添加富含铁的肥料，促进海洋藻类的生长，而贝类会以藻类为食，其数量也会随之增加。鉴于每种贝类都有一层厚厚的、富含碳的外壳，并最终沉到海底，空气和水中的二氧化碳含量也会逐渐减少。但是，无论选择哪条路线，拯救气候的工程都将是人类历史上最庞大的工程。

极地的冰层覆盖面积正在减少，人类能设计出一种方案来逆转这种趋势吗？（见上图）

地球为什么会摇摆？

地球自转轴的指向会变化，它每过 26000 年就在太空扫过一圈，这意味着地球的北极并不总是指向天空的同一个点。这种现象称为"岁差"（precession），早在古希腊时期就有人注意到这种现象。岁差缘于太阳和月球共同对地球施加的引力不够均匀，一边略大于另一边。同时，火星、金星，以及太空中其他一切天体也都对地球有引力作用，导致单纯的岁差摆动变成了一种更加复杂的摆动，也就是"章动"（nutation）。换言之，地球在太空中会发生章动。

然而，地球的摇摆还有另外一个来源，即"极移"（polar motion）。1891 年，美国的赛斯·钱德勒（Seth Chandler）发现了极移现象中的一部分。为了纪念钱德

未解之谜

勒，这部分运动被称为"钱德勒摆动"（Chandler Wobble）。同时，极移作用会改变地轴的位置，所以地轴在地球表面对应的位置其实每天都会有微小的变化。也就是说，北极点和南极点也正在移动，其实际位置会绕着官方画定的"南极点"和"北极点"盘旋，速度为每18个月约20米。我们对纬度的精确测量会受到这一效应的微小影响，但微小不等于不重要：像卫星导航系统等精密设备就必须考虑到这些因素。

1899年，"国际纬度台"（International Latitude Observatory）开始监测地球的摆动，以求解释这些变化。（这个监测项目坚持到1982年才结束，并由人造卫星观测接班。）然而，极移的原因仍然相当难以确定。极移的一部分效果被认为是巨大冰川的移动造成

每一次火山喷发和地震都会使地球出现一定程度的失衡。

的，其中最明显的是格陵兰岛的冰原，它的移动会导致地球的重心改变。导致摆动的另一个因素可能是地球内部的岩浆，它在移动过程中会改变形状。总之，在数年或数十年的时间尺度上，地球的球体正在不断膨胀、破碎，它像一颗巨大的、颤抖着的露珠一样荡漾着涟漪。

谁杀死了史前巨兽？

从6600万年前恐龙灭绝开始，地球的栖息环境变得更适合"公平竞争"了，一系列的物种竞争在接下来的时期里成了一大主题。在这场"比赛"的初期，蛇、蜥蜴和鸟类看起来最有可能胜出，但在"比赛"了大约3000万年后，哺乳动物已是无可争议的霸主，"大狗""大猫"和其他各种野生巨兽成了普遍的赢家。在哺乳动

过去的世界跟现在有多么不同，只要问问剑齿虎和短面熊就知道了。（见右图）

未解之谜

物的时代，南美洲有巨大的树懒，澳大利亚有巨大的袋熊，欧亚大陆则有毛犀牛和猛犸象。然而，在距今10万年的时候，哺乳动物的平均体型突然开始减小，这个变化首先出现在非洲，其他地方随后也陆续出现。如今的哺乳动物，平均体型只有过去的一半了。而差不多在同一时期，人类（包括人类的远古亲戚——尼安德特人）开始分布到世界各地。是人类的兴盛摧毁了所有的大型陆生哺乳动物吗？是不是人类传播的某种疾病杀死了它们？或者是人类的狩猎把它们杀绝了？另外一类可能的因素则是气候的变化——地球当时进入了冰河时代。有专家提出，可能是人类造成的诸多问题叠加了气候变化的影响，导致大型的陆生动物更难生存了。这说明，人类给地球留下印记的过程从未停止。

地球真是扁平的吗？

2018年对美国人的一项调查显示，平均每50个美国人中就有1个人确信"地球是一个圆盘而非一个球体"。这些人表示，地球并没有公转和自转，白天和夜晚只不过是太阳和月亮在这个圆盘上方绕着一个圆圈运行造成的效果。这个圆盘的边缘则是一堵冰墙，把所有的海水都锁在其中。其实，我们已经有足够多的证据来反对这一谬论，其中大部分已经广为人知好几百年了，这甚至让我们很难决定选择哪个突破口来揭穿之。最简单的论证大概莫过于光以直线传播，假如大地真是平的，那我们就应该能看到来自地球上每个点的光。不过，支持扁平论的人会说："没错，本来应该是能看到的，只是山脉挡住了我们的视线而已。"好吧，那除非地球表面每个地点的地平线上都有山脉遮挡，才值得考虑这个观点，但显然有些地方的地平线是无遮挡的。然而，有些人就是喜欢地球扁平的想法。这并不全是因为缺少智慧（尽管缺乏地球科学方面的教育是因素之一），一个更有可能的原因在于，扁平论者认为自己属于一个与众不同的群体——这个群体在不顾一切地坚持抵抗着一股强大的力量，以免自己的想法和决定为这股力量所影响。当然，这种态度并非全无可取之处，但它的缺陷同样明显。无论如何，地球科学以及所有的科学，都是寻求真理的工具，而不是骗人的套路。

未解之谜

人类有没有可能前往地心探险？

目前，好几个国家正在积极计划将宇航员送上月球，然后再登上火星，那将是一段长约5500万千米的旅程。地球科学家对此并不全然认同，毕竟与地球相比，太空显然是空旷的，如果把同样多的关注和金钱投入到向下探索而不是向上高飞上，或许同样会有精彩的发现。但正如前文提到的Mohole计划和其他相关研究表明的那样，深入地球会跟飞向外星一样困难，对真人探险者来说或许更加困难。尽管如此，加州理工学院教授戴维·史蒂文森（David Stevenson）还是提出了一种方案，用于将遥控的探测器送入地球的核心——其成本比美国登月的"阿波罗计划"要低（不过成功率可能也低一些）。史蒂文森的计划是这样的：首先在地壳上制造一道裂缝（一颗核弹的威力就可以做到），然后注入1000万吨的铁水（这大约是全世界一个星期的产量）。炽热的金属会使周围温度相对较低的地壳破裂，"铁流"就可以涌入越来越深的地方。根据史蒂文森的计算，最终会有足够量的铁穿过地幔，到达地核。这样一来，只要有办法保证探测器能承受铁水（以及地球深处）的高温就够了。至于探测器与地面的通信，可以不用无线电，而是利用能通过岩石本身传播的地震波来完成（将需要大约一星期的时间）。

地球科学是否应该钻探地球深处，以观察其内部呢？（见右图）

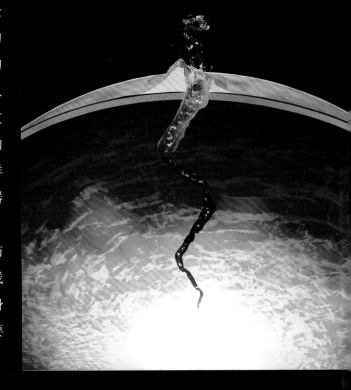

宇宙中还有像地球一样的行星吗？

"系外行星"（exoplanet）是指存在于太阳系之外其他恒星系统里的行星，它围绕着太阳之外的恒星运行。第一批系外行星是在20世纪90年代发现的，这离不开NASA的"开普勒"太空观测任务的圆满成功。后来，天文学家又发现很多系外行星，目前已知的此类天体已有几千个。其实，根据科学家估计，大多数的恒星都拥有至少一颗行星，所以，在我们的银河系中，理应有更多的系外行星。（对此，学界尚有争议，但银河系里的恒星数量已确定不少于数十亿颗。）在目前已发现的系外行星中，大约每200颗中有1颗似乎拥有与地球类似的特性——这里的评判标准包括岩质的、致密的，在自己所属的恒星系统里处于可以容许液态水存在的区域。水如果只能以蒸汽或冰的形式存在，同样是不合格的，然而这种不合格才是宇宙里的常态。不过，即便合格的系外行星比例如此之低，也意味着整个银河系里应该至少有5亿颗类地行星。一旦有了液态的水，以及合适的大气化学成分，系外行星就很有可能孕育属于它们自己的生命形式。然而，学界认为外星生命大多数都只是非常简单的生物，类似于地球上的细菌。要想发展出复杂的生命，还需要另外一系列的类似地球的特征才行。而如果想发展出像人类这样能够进入太空的文明，还要取

据估计，在银河系中，像地球一样由液态水和岩石构成的行星不少于数千万颗。

未解之谜

决于一系列彼此密切联系着的因素，例如：母恒星要像我们的太阳一样比较"安静"，不会爆发并喷射出太多对生命有害的能量流；卫星要像月球一样足够硕大（以减少陨石冲撞）且轨道较为合适，但这要求行星诞生初期遭受其他行星碰撞，而此类事件概率极小。来自月球的引力不断推拉地球内部的物质，使后者温度升高，并增强了地球的铁质内核产生的磁场，而强大的磁场可以将有害的宇宙射线拒之门外，确保地球表面的生命安全无虞。此外，公转轨道在地球外侧的大邻居——木星，也帮地球清除掉了许多"任性"的彗星，不让这类天体太过频繁地撞向地球，从而避免了物种的频繁灭绝，也防止了（人类经历过的）漫长、缓慢的文明演进过程意外终止。这些正是"稀有地球假说"（Rare Earth Hypothesis）的结论。这个假说认为，虽然生命在宇宙中不是什么稀罕物，但发展出文明的可能性微乎其微，或许我们人类真的就是这个宇宙中最聪明的存在。

大部分的恒星都跟我们的太阳不太相似。大多数恒星体积较小且温度较低，而另外一些恒星又太亮，还动辄爆发。

伟大的地球科学家

　　这里介绍的科学家们形成了一条历史脉络，他们的贡献也散布在地球科学广泛的研究领域的各个分支。他们中有些人顶着极端气候的风险，勇敢地前往偏远地区旅行；有些人面对大量的数据苦苦思索，想从中揭示地球运转方式的奥秘。地球科学家群体的成员可以来自科学的各个角落，比如天文学、生物学和物理学。从大气层的最顶端，到地面下的最深处，这些科学家都在不断努力探索地球科学的前沿问题。

塞奥弗拉斯托斯

出生时间	约前372年
出生地点	希腊，莱斯博斯
去世时间	约前287年
地位或成就	矿物学奠基人

　　塞奥弗拉斯托斯的兴趣十分广泛，除了记录矿物，他还以植物生物学方面的成果而为后人铭记，还经常被认为是植物学的奠基人。他的植物学著作有两部流传下来，即《植物考》（*Enquiry into Plants*）和《植物成因论》（*On the Causes of Plants*）。这两本书都仿照亚里士多德对动物的考察，对众多的植物做了描述和研究。塞奥弗拉斯托斯将多种植物的类型划分为乔木、灌木、"低矮灌木"和庄稼，还探讨了植物的药用特性及其他用途。

斯特拉波

出生时间	约前64年
出生地点	土耳其，阿马西亚
去世时间	约24年
地位或成就	《地理学》作者

　　斯特拉波出生在一个既有钱又有地位的家庭。他的家乡在小亚细亚（现在的土耳其）一带，这里在被波斯人征服之后，与罗马结盟。斯特拉波作为地理学奠基人的候选者之一，平生足迹很广。他访问了埃及，还沿着尼罗河航行，继续向南到了非洲的库什（Kush）王国和埃塞俄比亚；而他旅行路途的最西端到过埃特鲁里亚（Etruria，今意大利的托斯卡纳）。他在罗马住了很多年，而《地理学》一书的写作时间尚不清楚，有人认为该书最早可能在公元前7年就动笔了。斯特拉波可能一直在修订此书，直到去世。

托勒密

出生时间	约100年
出生地点	埃及（有争议）
去世时间	约170年
地位或成就	发布了早期的世界地图

　　克罗狄斯·托勒密是罗马公民，他用希腊文写作，因为希腊文是罗马时代知识分子的通用文字。具有讽刺意味的是，罗马时期的"草根语言"拉丁文后来成了学者们的首选文字。托勒密不仅因为地图方面的成就而出名，也因为编制《天文学大成》（*Almagest*）而著称。他常被称为"智者托勒密"（Ptolemy the Wise），以免与亚历山大大帝的法老相混淆，因为这位法老的名字也是托勒密。智者托勒密在亚历山大港生活过一段时间，但有的权威人士称他为"上埃及人"，这意味着他来自埃及南部——埃及所谓的"上"和"下"与地图上的惯例正相反。

比鲁尼

出生时间	973年
出生地点	乌兹别克斯坦，花剌子模
去世时间	约1050年
地位或成就	测算地球的半径

许多伊斯兰学者在古希腊著作的基础上进行研究。比鲁尼来自伊斯兰世界的东端，掌握七种语言，曾在如今的阿富汗地区待过很多年。他同样熟读古希腊文献，但同时又能从印度的科学中找到灵感。他的主要贡献在力学领域及流体力学（研究液体的运动）。不过，他也因计算了地球的半径（由此易得周长）而青史留名。为了这项计算，他利用位于今巴基斯坦境内的一座山峰，将其与地平线、地球中心连接起来构造成一个巨大的直角三角形。

乔治·哈德里

出生时间	1685年2月12日
出生地点	英格兰，伦敦
去世时间	1768年6月28日
地位或成就	提出风作为全球系统的物理机制

在乔治·哈德里的一生中，他的家族里最杰出的工作成就来自他的哥哥约翰·哈德里，后者发明了测量纬度用的"八分仪"。乔治从牛津大学毕业后，成了一名在伦敦工作的律师。这个职业是他父亲给他安排的，但他却经常分心，热衷于科学研究。后来，他为伦敦的皇家学会分析该机构积累下来的气象数据，成了首席分析员。1735年，他被选为协会会员，同年发表了关于信风的理论。他的理论起初被人忽视，因而默默无闻，但到了19世纪末，这个理论已被称为"哈德里原理"。

尼古拉斯·斯丹诺

出生时间	1638年1月1日
出生地点	丹麦，哥本哈根
去世时间	1686年11月25日
地位或成就	地层学的奠基人

斯丹诺小时候患了一种原因不明的严重疾病，只能在孤独中长大，19岁时进入医学院读书。毕业后，他周游欧洲，每停靠一个港口，他都找当地杰出的科学家学习。他对解剖学尤其感兴趣，研究过淋巴系统和肌肉的工作机制。后来，他成为意大利西门托学院科学学会的领导成员之一，并在那里提出了关于地层学和古生物学的观点。但差不多在同一时间，他皈依了天主教，对科学的兴趣开始减弱。1675年，他接受了圣职。

约翰·米歇尔

出生时间	1724年12月25日
出生地点	英格兰，诺丁汉郡
去世时间	1793年4月21日
地位或成就	研究并提出了地震的成因

科学史专家喜欢把约翰·米歇尔看作所有重要科学家中最受忽视的一位。他对光学、天文学、物理学的贡献，以及在地震及其理论方面的研究成果，在很大程度上都乏人知晓。比如大家都知道"黑洞"这种天体，但最早提出有类似性质的天体存在的人正是米歇尔，他当时称之为"暗星"。一些后来成为伟大科学家的人都曾向米歇尔请教，比如本杰明·富兰克林（Benjamin Franklin）、约瑟夫·普里斯特利（Joseph Priestley）和亨利·卡文迪许（Henry Cavendish），其中卡文迪许因测量地球的质量而声名远播，但他使用的仪器是米歇尔设计的。

詹姆斯·赫顿

出生时间	1726年6月3日
出生地点	苏格兰，爱丁堡
去世时间	1797年3月26日
地位或成就	提出"均变论"的思想

赫顿离开学校后，最初做的是律师学徒，但很快就转行当了医生的助理，这让他开始涉足化学实验。后来，他在欧洲大陆学习了几年解剖学，随后于18世纪50年代在爱丁堡创办了一家化学公司，与此同时，他还在苏格兰的低地地区和高地地区经营着多家家庭农场。他在未出版的书稿《农业要素》(*Elements of Agriculture*) 中记录了自己在农场的工作。农场的收入支持他投入了新的爱好——地质学和气象学，他在这两个方向的研究中度过了余生。

亚历山大·冯·洪堡

出生时间	1769年9月14日
出生地点	德国，柏林
去世时间	1859年5月6日
地位或成就	气候学先驱

洪堡的父亲是军官，于1779年去世，此后，洪堡和弟弟由母亲抚养长大。他曾尝试学习工程学，但很快失去了兴趣，之后他发现自己对植物学和地质学充满热情。1796年，他开始在世界多地旅行，其中包括在北美洲和南美洲的一次史诗般的探访。他在南美洲期间探索了奥里诺科河，还在攀登安第斯山脉中的钦博拉索山时创下了世界登山纪录。洪堡的一生赢得了巨大的声誉，世界上有不少河流、山脉和城镇都以他的名字命名。

乔治·居维叶

出生时间	1769年8月23日
出生地点	法国，蒙贝利亚尔（此地当时属于德国）
去世时间	1832年5月13日
地位或成就	发现物种灭绝现象

乔治·居维叶在斯图加特学习了比较解剖学，毕业后担任导师。1795年，他加入在巴黎新成立的法国国家自然历史博物馆，很快被公认为动物解剖领域的权威。他能够仅凭几块骨头碎片就给一个未知的化石物种重建出完整的解剖结构，因此广受敬重。拿破仑·波拿巴把他任命为政府官员，而在拿破仑倒台后，他继续在后来的三任国王手下担任法国国务委员。

玛丽·安宁

出生时间	1799年5月21日
出生地点	英格兰，莱姆里吉斯
去世时间	1847年3月9日
地位或成就	化石搜寻家

玛丽·安宁被誉为"世上有史以来最伟大的化石学家"。她很幸运地出生在英国多塞特郡和德文郡一带的"侏罗纪海岸"，这里的化石资源是全英国最丰富的。根据家族传说，她在年仅1岁的时候遭遇了一次雷击，那次意外造成家中另外3人死亡，但她幸存下来。1810年，她的父亲去世，此后她只能依靠卖化石维持生计。她在化石领域有许多发现，其中包括最早发现的蛇颈龙化石。她一直千方百计地让自己的成果受到认可，但作为女性，她无法加入伦敦的地质学会。不过，后来她生病时，该学会的成员们为她筹集了医疗资金。可惜她还是于1847年死于乳腺癌。

马修·方丹·莫里

出生时间	1806年1月14日
出生地点	美国，弗吉尼亚州，斯波特瑟尔韦尼亚县
去世时间	1873年2月1日
地位或成就	海洋学奠基人

莫里因为绘制了世界洋流地图而获得"海洋探路者"的称号。他本来是一名海军候补军官，但一场公共马车事故终结了他的军人生涯。后来他被任命为美国海军天文台的负责人，以及海图和设备方面的主管，从此走上了海洋学研究的道路。他在对世界的气象学和航海技术产生影响之后，还参与了在安纳波利斯建立美国海军学院的工作。但美国内战期间，他辞去了美国海军指挥官的职务，加入了南方阵营。

安德烈·莫霍洛维奇

出生时间	1857年1月23日
出生地点	克罗地亚，奥帕蒂亚
去世时间	1936年12月18日
地位或成就	发现地壳的下边界

莫霍洛维奇是一名铁匠的儿子。1875年，他进入布拉格大学，跟随恩斯特·马赫（Ernst Mach）学习数学和物理——马赫是研究波动现象的专家（关于音速的单位"马赫"就是用来纪念他的）。学成后的莫霍洛维奇回到克罗地亚当了教师，并对气象学产生兴趣，由此开始学术生涯。1892年，他成为萨格勒布气象观测站的负责人，由此将该站建成欧洲最先进的气象站之一。同一年，他还曾观察到一场龙卷风把一节载有50人的火车车厢掀了起来。他也是建筑抗震设计的早期支持者。

查尔斯·杜利特·沃尔科特

出生时间	1850年3月31日
出生地点	美国，纽约州
去世时间	1927年2月9日
地位或成就	发现"布尔吉斯页岩"化石层

沃尔科特从小就痴迷于野生动物和大自然，高中时光以肄业收场，然后成了一名专业的化石收藏者。后来，他在哈佛大学遇到了路易斯·阿加西（冰期理论的主要支持者），遂决定学习古生物学，由此得到给纽约州古生物学家担任助理的机会，但很快又失去了这个岗位。不过他又找到了新工作，在刚成立的美国地质调查局担任地质学助理，并在15年之后成了该机构的负责人。1907年，他被任命为史密森学会的秘书。

阿尔弗雷德·魏格纳

出生时间	1880年11月1日
出生地点	德国，柏林
去世时间	1930年11月2日
地位或成就	提出大陆漂移理论

魏格纳高中毕业后，先后在几所高校学习物理学、气象学和天文学。他的第一份工作是在乌拉尼亚天文台担任助理，后于1905年获得天文学博士学位。魏格纳对天气和气候保持着浓厚的兴趣，同时对极地十分着迷。他于1906年首次到格陵兰岛探险，后来又去了三次。1912年，他发表了关于大陆漂移的理论，但这一理论直到几十年后才被广泛接受。魏格纳第四次前往格陵兰岛时，在该岛中部的徒步旅程中病倒并去世。他的遗体当时被埋在雪地里，如今保存在冰层下100米处。

英奇·雷曼

出生时间	1888年5月13日
出生地点	丹麦，哥本哈根
去世时间	1993年2月21日
地位或成就	发现地球的内核

英奇·雷曼的童年教育环境是出众的：她父亲是一名实验心理学家，她的老师是汉娜·阿德勒（Hanna Adler）——量子物理学家尼尔斯·玻尔（Niels Bohr）的姑姑。雷曼长大后，先后在哥本哈根和剑桥学习数学，但由于健康状况不佳而被迫中断了学术生涯。后来她给一位精算师当助理，由此进一步提升了数学技能。

1918年，她重新开始在哥本哈根大学学习，1925年成为测地专家尼尔斯·埃里克·内隆德（Niels Erik Nørlund）的助理（测地专家负责测量大地及其各种性质）。内隆德请她在丹麦和格陵兰建立地震观测站，这也成了她毕生的工作方向。

查尔斯·里克特

出生时间	1900年4月26日
出生地点	美国，俄亥俄州，哈密尔顿
去世时间	1985年9月30日
地位或成就	提出里氏震级体系

里克特高中毕业后进入斯坦福大学，后来又在加州理工学院攻读理论物理学的博士学位，但还没有完成学业就又转入华盛顿特区的卡内基研究所。正是在这里，他对地震学产生了兴趣，而这又使他回到加州理工学院，进入该校在帕萨迪纳市新成立的一个地震学实验室。1932年，他与贝诺·古登堡（Beno Gutenberg）合作开发了一种震级体系，以便表示地震的相对强度，这就是后来以他命名的"里氏震级"。里克特于1952年成为正教授，在后来的职业生涯中还参与了抗震建筑的设计。

亚瑟·福尔摩斯

出生时间	1890年1月14日
出生地点	英格兰，达勒姆
去世时间	1965年9月20日
地位或成就	开发岩石放射性测年法

亚瑟·福尔摩斯先是获得在英国皇家科学学院（现在的伦敦帝国理工学院）学习物理的机会，又在第二年不顾导师的建议改学了地质学。后来，他在莫桑比克找了一份探矿和采矿的工作，但什么矿都没找到，还差点死于疟疾。

1920年，他前往缅甸，在一家石油公司任职，但这次冒险又失败了，他的儿子也死于痢疾。他这才回到家乡，担任达勒姆大学（又译杜伦大学）的地质学系主任，在那里开始了关于放射性测年法和物理地质学的研究。后来，他搬到爱丁堡居住，并于1956年退休。

哈里·哈蒙德·海斯

出生时间	1906年5月24日
出生地点	美国，纽约州，纽约城
去世时间	1969年8月25日
地位或成就	板块构造学领军人物

哈里·海斯的学术岗位让他一直与美国的海军关系密切。他曾经乘坐军用潜艇航行，去测量大洋中的岛链周围的重力变化。在第二次世界大战期间，他直接加入了海军，并被任命为"约翰逊角号"（Cape Johnson）

的舰长，而这艘船上部署了当时最新的声呐设备。海斯在出航期间，用声呐测量了北太平洋的海床，当时获得的数据为他后来研究海底扩张和板块构造奠定了基础。战后，他回到普林斯顿，继续服海军的预备役，并晋升为海军少将。

路易斯·阿尔瓦雷斯

出生时间	1911年6月13日
出生地点	美国，加利福尼亚州，旧金山
去世时间	1988年9月1日
地位或成就	提出恐龙灭绝于陨石撞击的理论

1980年，路易斯·阿尔瓦雷斯和他的儿子沃尔特一起推广了"恐龙因陨石撞击而灭绝"的理论。然而，这在他不可思议的职业生涯中仅是最后一个乐章而已。早在20世纪30年代，路易斯就作为粒子物理学家开始了学术工作，并新发现了氢的一种放射性形式，即"氚"。这使得他参与了第二次世界大战期间的"曼哈顿计划"，在这个项目里开发了核武器的雷管。战后，他发明了可以追踪亚原子粒子的气泡室，对后来许多新粒子的发现起了关键的作用。1968年，他因这项工作而荣获诺贝尔奖。

藤田哲也

出生时间	1920年10月23日
出生地点	日本，北九州市
去世时间	1998年11月19日
地位或成就	提出龙卷风等级体系

1945年，住在北九州的藤田在九州工业大学开始了自己的职业生涯。美国在广岛投下原子弹之后，原定的第二个投放目标就是这座城市，但由于那天有云层遮挡，这第二颗原子弹改投在了长崎，藤田躲过一劫。1953年，藤田被邀请到芝加哥大学继续他的工作，在那里，他拓展了自己对强烈暴雨的研究，深入探讨了"下击暴流"（downburst）和"微下击暴流"（microburst）的理论，并设立了表示龙卷风强度的"藤田等级"。由此，他的绰号"龙卷风先生"越发响亮，而他也确实协助开发了观测龙卷风的方法体系，以及评估龙卷风破坏程度的勘测技术。

玛丽·萨普

出生时间	1920年7月30日
出生地点	美国，密歇根州，伊普西兰蒂
去世时间	2006年8月23日
地位或成就	发现大西洋中脊

玛丽·萨普在大学里选的是音乐类和英语类课程，她想当一名教师。然而，第二次世界大战的爆发，让一些以往被男性主导的职业出现了空缺，于是她得到了进入密歇根大学安娜堡分校石油地质学专业的机会。在短暂任职于石油行业之后，她又成为哥伦比亚大学地质实验室的助理。在那里，她和布鲁斯·海森合作绘制海底地形图，而她在把一些前期数据组合起来之后，发现了处在大洋中的断裂带，但这个结论刚一开始并未被广泛接受。

马里奥·莫利纳

出生时间	1943年3月19日
出生地点	墨西哥，墨西哥城
去世时间	2020年10月7日
地位或成就	发现臭氧层空洞

莫利纳还是个孩子的时候，就在自家的浴室里建了一个实验室，里面摆放着玩具显微镜和化学仪器。他的姨妈艾斯特（Esther）是一位化学家，帮助他做实验。他先是在墨西哥国立自治大学学习化学工程专业，后来又去德国攻读聚合动力学专业的研究生学位。然后，他在美国的加州大学伯克利分校于1974年与舍伍德·罗兰一起发表了关于氯氟化碳气体的研究成果。随着1987年《蒙特利尔议定书》的成功签署，人类开始保护臭氧层，他随后也获得了几十个奖项，包括1995年的诺贝尔奖。

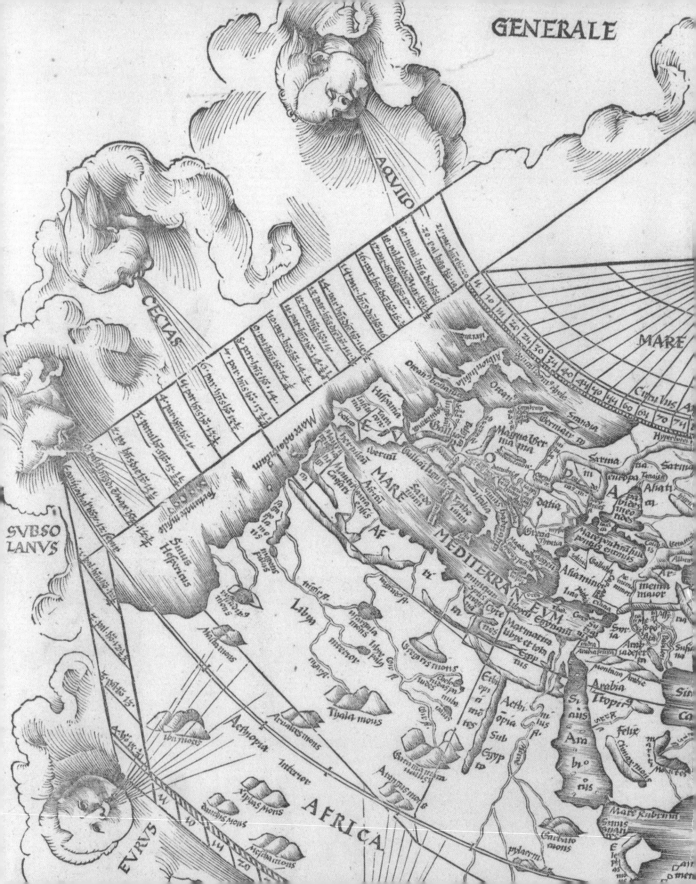